普通高等教育艺术设计类刨业规心教材

家具设计
与制作

FURNITURE DESIGN AND

PRODUCTION

张仲凤 **主 编**

沈华杰 杨 洋 **副主编**

中国轻工业出版社

图书在版编目（CIP）数据

家具设计与制作 / 张仲凤主编 . -- 北京 ：中国轻
工业出版社，2025. 1. -- ISBN 978-7-5184-5034-3

Ⅰ . TS664.01

中国国家版本馆 CIP 数据核字第 2024N6E159 号

责任编辑：李　争

文字编辑：王　玙　　责任终审：许春英　　设计制作：锋尚设计

策划编辑：王　淳　　责任校对：晋　洁　　责任监印：张　可

出版发行：中国轻工业出版社（北京鲁谷东街5号，邮编：100040）

印　　刷：天津裕同印刷有限公司

经　　销：各地新华书店

版　　次：2025年1月第1版第1次印刷

开　　本：870×1140　1/16　印张：8.75

字　　数：300千字

书　　号：ISBN 978-7-5184-5034-3　定价：59.80元

邮购电话：010-85119873

发行电话：010-85119832　010-85119912

网　　址：http://www.chlip.com.cn

Email：club@chlip.com.cn

前言
PREFACE

家具设计是微观的室内设计与环境设计，是我国基础建设人才培养的重要课程之一。人类的生活离不开家具，随着人类科技进步、生产力的发展，家具的材料、造型、功能也在不断发展，从简单的石材到复杂的科技材料，从手绘图纸到计算机 AI 控制，从手工单件制作到智能批量生产，家具的演变无不反映历史发展的印记。家具设计既是一门艺术，又是一门应用科学技术，因此家具设计是一门综合性的课程，涵盖材料、结构、造型、美学、人体工程学、环保等学科和领域。

传统的家具设计课程往往被分成"结构设计"和"造型设计"两门课程，这种教学方式虽然讲解比较容易，条理比较清晰，学员通过死记硬背知识点就能取得好成绩。但是在实际进行家具设计时，必须确保家具材料和结构的合理性，批量生产的可实现性，还要造型美观、使用舒适、符合市场需求。然而，传统教育方式培养出来的学员实际设计能力是非常薄弱的，表现在毕业生普遍无法适应企业的要求。因此，本书在编写时，特别注意理论知识与实践结合、艺术与科学技术结合，采取以兴趣驱动的教学方法，用案例解析、构造分析、视频教学，激发学员的学习兴趣和动手能力，通过教育与实践的结合，提升学员的设计能力和综合素质，培养学员将设计理念和实际操作完美结合，教会学员解决综合性的和异常复杂的技术问题，让学员毕业后能成为优秀的家具设计师。我国历史上很多木匠不仅能设计制作家具，而且很多优秀的古建筑，包括皇宫、庙宇、宝塔等，其设计和工程建造也是出自木匠之手。在人工智能、数字化飞速发展的今天，我们更要把老祖宗留下的宝贵遗产继承下来并发扬光大，为祖国繁荣富强贡献力量。

本书以教育部艺术设计专业、产品设计专业和环境设计专业家具设计课程标准为依据，参照中南林业科技大学、湖北工业大学教学大纲编写而成。书中图文并茂，以众多造型突出和具有特色的家具为案例，为课程的教学增添了趣味性。书中不仅讲解理论知识，还对家具的实际设计案例进行了分析，并附带有实践活动，鼓励学生自己动手，制作家具模型，让学员对家具设计有更深刻的认识，既有理论指导性，又有设计的针对性，内容上求新、求精、求全，具有很强的实用性。

本书附带全套PPT多媒体课件，适合普通高等院校艺术设计类专业教学使用，同时可以作为家具设计及制作人员的参考读物。本书由中南林业科技大学家居与艺术设计学院张仲凤教授主编，湖北工业大学艺术设计学院汤留泉、常华溢、王晓艳、武汉行轩筑美科技传媒有限公司文创部参加了编写，在此表示感谢。

张仲凤
于中南林业科技大学

目 录
CONTENTS

第5章　家具构造设计

第6章　家具材料识别与选用

第7章　家具制作工具与方法

第1章
家具基础知识

识读难度：★☆☆☆☆
重点概念：要素、形式、功能、结构、意义

◁ 章节导读

　　家具是改善人们居住环境，提升人们生活质量的重要器具，家具产业是生机勃发的朝阳产业，是国民经济发展的有力增长点。家具可以表现时尚，活跃市场，促进消费。家具设计要从了解家具概念开始，理解家具设计的意义，深入研究、准确把握。从事家具设计要有高度的社会责任感，全身心投入才能取得好的效果（图1-1）。

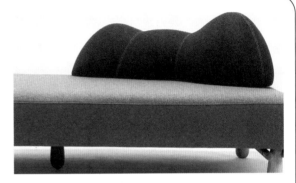

图1-1　沙发造型设计

图1-1：现代家具设计造型追求简洁，外观形体与边角轮廓柔和，与人体结构高度贴合，使用舒适。

1.1　家具概述

1.1.1　家具定义

　　家具是为了满足人们物质需求和使用目的而设计与制作的器物。广义的家具是指人类维持正常生活、从事生产实践和开展社会活动必不可少的器物。狭义的家具是指在生活、工作中供人们坐卧、倚靠、贮藏的器物（图1-2）。

图1-2　家具系列组合设计

图1-2：家具设计是指采用图形设计、模型制作等形式，表现家具的造型、功能、尺寸、色彩、材料、结构。

1.1.2 家具构成要素

家具是由材料、结构、形式和功能四种要素组成，这四种要素互相联系，又互相制约。

1. 材料

家具由各种材料经过技术加工而成，家具设计与材料有着密切联系。为此，家具设计人员应当注意以下几点：

（1）熟悉材料的种类、性能、规格、来源等。

（2）对现有材料进行加工，设计制作出新产品，做到物尽其用。

（3）利用各种新材料，提高家具质量，增加家具美观性，降低成本。

材料是构成家具的物质基础，家具材料能反映出社会生产力水平。除了常用的木材、金属、塑料外，还有藤、竹、玻璃、橡胶、织物、装饰板、皮革、海绵等。

2. 结构

结构是家具材料或构件之间的组合、连接方式。例如，椅子座面结构一定的高度、深度及后背倾角结构能消除人的疲劳感；贮藏类家具的结构要与所存放物品的结构、尺寸相适应。

3. 形式

家具的形式能体现家具的功能和结构。外观形式具有较大的自由度，家具构件组合形式具有多样性，如梳妆台的基本结构基本相同，但外观形式却很丰富。

4. 功能

家具设计应从功能出发，先对设计对象进行分析，再确定材料结构和外观形式。家具的功能主要分为技术功能、经济功能、使用功能、审美功能等，高端家具还具有保值和增值的功能，如欧式家具中的老柚木家具和中式家具中的老红木家具等。

1.2 家具的种类

1.2.1 实木家具

实木家具是指天然木材制成的家具，实木家具表面可以看到木材的纹路，表面涂饰清漆来表现木材的天然纹路和色泽。实木家具主要有纯实木家具与仿实木家具两种。

1. 纯实木家具

家具内外全部用材都是实木，包括桌面、衣柜门板、侧板等均用纯实木制成（图1-3），不使用任何形式的人造板材料。纯实木家具材质主要有松木、榉木、樱桃木、橡木、柞木、榆木、水曲柳、欧洲柚木、核桃木、黄花梨木、紫檀木、楠木、花梨木等，其中硬实木家具对工艺、材质要求很高，其选材、烘干、指接、拼缝等工艺控制严格。如果工序把关不严，小则会出现开裂、松动，大则会使整套家具发生变形，导致无法使用。

2. 仿制实木家具

仿制实木家具外观与实木家具类似，木材的自然纹理、色泽、质感都与实木家具相同，但实际上是实木和人造板混用的组合，即侧板、顶板、底板、搁板等部件用薄木贴面刨花板或中密度纤维板制作，门和抽屉则采用实木。这种工艺既节约了木材，也降低了成本（图1-4）。

（a）实木家具桌面　　　　　　　（b）实木家具衣柜门板

图1-3　实木家具

图1-3（a）：实木家具造型简洁，构造衔接紧密，形体端庄。表面擦涂油漆，纹理色泽雅致，是中式设计风格空间的标准搭配。

图1-3（b）：实木家具中的门板材料要经过严格的脱水处理，才能制作柜门，否则会变形弯曲。柜门结构要尽量简单。

（a）仿制实木家具　　　　　　　（b）仿制实木家具柜门板材

图1-4　仿制实木家具

图1-4（a）：仿制实木家具外观构造与实木家具相似，细节较丰富，造型更有层次感，能设计成系列家具，表面纹理色彩与实木家具一致。

图1-4（b）：仿制实木家具所用的板材为复合板材，内部为杉木、水曲柳、杨木等普通实木板料，外表覆盖中密度纤维板，最外层为木纹贴纸。

－ 补充要点 －

红木家具

红木家具属于实木家具的一种，红木家具主要是指使用国家标准《红木》（GB/T 18107-2017）中五属八类红木中的木材制成的家具（图1-5～图1-7）。这项国家标准由中华人民共和国国家质量监督检验检疫总局和中国国家标准化管理委员会共同发布，于2018年7月1日正式实施。

红木材料质地致密坚实，木性稳定，色泽温润，纹理优美，其中黄花梨、紫檀是红木中的优质品种。黄花梨色泽金黄，纹理自然，节疤处纹理丰富，深受中国古代文人喜爱。紫檀色泽紫黑，沉穆稳重，多有牛毛状纹理，木质细腻温润，特别适合雕琢打磨。其他红木，如花梨木、鸡翅木、酸枝木、香枝木、乌木等也深受市场欢迎。

图1-5　桦木瘿门板四件柜（清华大学艺术博物馆藏）

图1-5：瘿木是树木形成瘿瘤后的木材，按树种分为桦木瘿、楠木瘿、花梨木瘿等，瘿木的纹理曲线错落，美观别致，是最好的装饰材料。但瘿木强度不够，不能作为家具受力构件，仅适合作装饰材料，如柜门的门心、桌案的面心等。

图1-6　酸枝木雕龙床（故宫博物院藏）

图1-6：酸枝木又称为老红木，木质坚硬沉重，经久耐用，能沉于水中，结构细密，有深紫红色、紫黑色条纹，加工时散发出一种带有酸味的辛香，因而得名。

图1-7　鸡翅木攒拐子纹扶手椅（观复博物馆藏）

图1-7：鸡翅木木质坚硬，颜色偏黄褐，棕眼略粗，没有黄花梨、紫檀木质细腻，但以纹理胜，有形似鸡翅羽毛的优美纹理，故名。

1.2.2　软体家具

1. 沙发

（1）日式沙发。主要特征是栅栏小扶手和矮小的设计（图1-8），适合自然、朴素的居家或办公空间选用。同时适合腿脚不便、起坐困难的老年人使用，硬实的日式沙发会使他们感到更舒适。

（2）中式沙发。主要特征是裸露在外的实木框架（图1-9），海绵椅垫可以根据需要撤换。灵活的中式沙发深受人们的喜爱，冬暖夏凉，方便实用。

（3）美式沙发。主要特征是松软舒适，坐在其中感觉像被温柔地环抱住（图1-10）。美式沙发由框架加不同硬度的海绵制成，少数产品使用弹簧加海绵的结构，这种沙发结实耐用，适合面积较大的室内空间。

（4）欧式沙发。主要特征是色彩清雅、线条简洁，适合多种空间选用（图1-11）。近年较流行的是白色、米色等浅色沙发。沙发根据用料不同又分为布艺沙发、皮沙发、皮配布沙发等。

2. 床

床主要由床体和床垫两部分组成，床垫主要由弹簧、海绵和外包面料组成，其中海绵和外包面料的质量是重点（图1-12）。现代床注重装饰造型审美，主要在床头背景墙、床上用品摆设上营造精致感（图1-13）。

图1-8 日式沙发

图1-8：日式沙发用材多为松木、枫木等浅色木料，构造纤细，质地轻盈，搭配软质布艺，多为现代设计风格。

图1-9 中式沙发

图1-9：中式沙发用材多选用我国南方地区树种，如柚木，设计风格有明确的指向，多采用新中式造型，搭配较厚实的坐垫与靠背。

图1-10 美式沙发

图1-10：美式沙发注重细节雕饰，将欧式风格中的装饰造型进行变化，并搭配碎花布料，在面料图案选择上比较随意，甚至会搭配中式图案。

图1-11 欧式沙发

图1-11：欧式沙发强调厚实的软质材料包裹，沙发组合形式多样，在图案纹理和造型上常用拼接，尤其是靠背。坐垫、抱枕等面料有饰边图案。

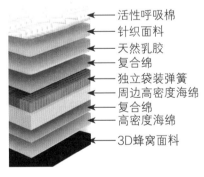

活性呼吸棉
针织面料
天然乳胶
复合绵
独立袋装弹簧
周边高密度海绵
复合绵
高密度海绵
3D蜂窝面料

（a）床垫构造

（b）床垫

图1-12 床垫

图1-12（a）：床垫内部构造较复杂，主要材料构造的配置逻辑是软硬结合，让高弹性材料与底弹性材料交替布置，具有耐久性，且舒适度较好。

图1-12（b）：床垫的规格丰富多样，方形床垫长度为1900mm、2000mm、2200mm，宽度为1200mm、1500mm、1800mm、2000mm。高度根据床垫结构来定，带弹簧的床垫多为200～300mm。具体规格还可以根据床型定制生产。

图1-13　床

图1-13：现代风格的床体造型简洁，在覆面软包上有一定的细节处理，床框材质多为木材、金属。

图1-14　板式家具

图1-14：现代风格板式家具多采用拼色设计，在柜体中镶嵌异色隔板构造，在有效支撑主体板式构造的同时，提升板式家具的美观性。

1.2.3　板式家具

板式家具是指以人造板为主要基材、以板件为基本结构的拆装组合式家具（图1-14）。常见的人造板材有胶合板、细木工板、刨花板、中纤板等。胶合板常用于制作弯曲的家具；细木工板性能会受板芯材质的影响；刨花板材质疏松，仅用于中低档家具。

板式家具常见的饰面材料有薄木饰面、木纹贴纸、PVC胶板、聚酯烤漆面等。后三种饰面通常用于中低档家具，而天然木皮饰面用于高档产品。

板式家具中有很大一部分是木纹仿真家具，饰面贴纸效果逼真，光泽度、手感等均佳，其中工艺精细的产品也较昂贵（图1-15）。

1.2.4　藤制家具

藤制家具是指采用藤制品制作的家具，既有欧美家具的粗犷豪华、东南亚家具的精致细巧，又有中国传统文化气息的古朴典雅，兼具实用性与艺术性（图1-16）。

（a）胶合板

（b）木纹贴纸

图1-15　板式家具材料

图1-15（a）：板式家具中常用的板料为胶合板，又称为多层实木板，厚度可根据家具体量而定，板材厚度品种多，可选择余地较多。抗压性能、耐久性能均佳。

图1-15（b）：木纹贴纸为纸张与聚氯乙烯材料复合而成，表面木纹色彩为印刷层，覆有耐磨层。采用胶水粘贴至家具板材表面，粘贴的同时还进行加热处理，确保家具表面平整光洁。

（a）复古藤制家具　　　　　　　　　　　　　　　　（b）户外藤制家具

图1-16　藤制家具

图1-16（a）：传统藤制家具构造采用绑扎工艺连接，结构完整，力学性能好，承载力较强。

图1-16（b）：户外藤制家具表面需要涂刷防腐剂，具有较强的耐候性与防水性。设计造型尽量简洁，构造单一，以降低生产成本。

1.3　家具设计意义

1.3.1　功能意义

家具能满足人们生活、生产行为需求，同时兼具物品收纳和展示等功能。家具成了人们使用空间时的必要器物。同时，建筑还依托家具形成特定的室内环境，引起人们的关注和热爱。

1.3.2　文化意义

家具反映了不同时期、不同民族的审美观念和审美情趣。家具承载了不同的风俗习惯和宗教信仰。例如，中国东北农村的炕桌、西藏藏式家具忠实地记录着地域文化；欧洲中世纪家具硕大且威严。世界各地家具造型都不同程度地反映了不同地区的文化传统与风格特色（图1-17）。

1.3.3　美学意义

1. 实用与审美统一

家具要满足使用需求，为人们提供良好的生活环境。离开了具体功能家具就会失去最基本的价值，没有任何用途的家具同时也不具备美感，家具美是实用与审美的统一（图1-18）。

2. 艺术与技术统一

家具设计是由不同材料和构造实现的，材料和构造是先决条件，同时家具又要具有美的造型，由不同形态、色彩、肌理来实现。家具美是艺术与技术的统一。

3. 传统和时尚统一

不同民族在不同地区、历史时期形成了丰富多样的传统家具风格。工业革命以后又产生了许多现代家

图1-17 现代家具

图1-17：现代家具注重造型简约，多以立方体、矩形造型元素为主，色彩选用中浅色，整体格调清新开阔。

图1-18 板式套装家具

图1-18：板式套装家具的实用性最佳，外观整洁美观，是当前家庭生活的首选。

具。传统家具与现代家具相互交融与促进（图1-19）。

1.3.4　社会意义

家具是改善生产、生活环境的重要手段。随着社会的发展，家具也在不断提升审美品质与技术含量。住宅家具将品牌和个性化设计相匹配；办公家具与现代风格相适应；大型公共空间要搭配多功能且坚固耐用的家具。

1.3.5　经济意义

家具设计会随着社会进步而不断发展。21世纪以来，在国际产业的大调整中，中国以丰富的土地资源和人力资源，吸引了大批家具企业（图1-20）。特别是珠江三角洲、长江三角洲和环渤海地区，吸引了大批中国香港和台湾地区，以及欧美各国的家具企业，促进了中国家具产业的发展，成为国民经济新的增长点。

图1-19 新中式套装家具

图1-19：新中式风格家具是在传统中式家具的基础上对细节和造型进行简化，保留功能构造与传统典型设计元素。搭配布艺面料、玻璃、金属等现代工业材料，达成传统与时尚的统一。

图1-20 进口家具销售

图1-20：家具是一种大众消费品，中国是年家具消费超过100亿美元的家具消费大国，家具可以表现时尚，通过产品创新和市场创新而促进消费，扩大外贸出口，从而促进中国经济的持续健康发展。

本章小结

　　本章介绍了家具设计的基础知识，家具的定义与构成要素，家具的种类与基本特性。重点讲解了家具设计与家具产业的重要意义。家具设计是环境设计的重要组成部分，家具布置是空间使用功能的具象表现。深入了解家具设计基础，观察生活中的家具，建立自己的家具设计观念。

课后练习

1. 详细介绍家具与家具设计。

2. 详细阐述家具的构成要素。

3. 详细描述生活中主要的家具类型。

4. 根据自己的理解阐述家具的存在对人类生活的影响。

5. 根据自己的理解描述未来家具的发展趋势。

6. 查阅中国古典风格家具与新中式风格家具资料，指出两者在设计上的区别，并总结出设计方法。

第2章

家具发展
与风格

◀ 章节导读

中国是家具制造大国，近年来随着工业的进步，在传统手工作业的基础上，各种新工艺、新材料不断应用于家具生产中，中国家具行业展现出全新的活力和面貌。中西方文化属性虽然不同，但是文明进程基本相似，家具发展进程也有关联性。学习家具发展史，熟悉家具设计风格，有助于深入了解家具设计形式，提升家具设计细节与品质方面的认知（图2-1）。

图2-1　丹麦设计师汉斯·瓦格纳设计的"the China Chair"

图2-1：汉斯·瓦格纳设计受中国圈椅的圆形椅圈启发，设计出以中国椅为灵感的椅子，采用圆形椅圈，在构件、结构和配饰上依然保持着丹麦风格。这是中国家具与现代设计相结合的成功案例。

2.1　中国家具发展

2.1.1　萌芽期

夏、商、周是中国家具的起源和萌芽时期，当时的生活方式为席地而坐，席子是最主要的坐具，所有生活器具的尺寸都是配合席子而产生的，属于矮型家具，如：俎、案、几等（图2-2）。

青铜器主要分为祭器和礼器，装饰造型神秘威严。青铜家具以俎、禁等置物家具为主，整体对称，主要装饰纹样为饕餮纹、蝉纹、云雷纹。在青铜家具出现的同时或更早，就已经有木质家具，只因为木质材料易腐，保存至今的少之又少（图2-3）。

2.1.2 成长期

1. 春秋战国时期

春秋战国时期生产力水平不断提高，木质髹漆技术有了较大发展，人们开始制作使用木质髹漆家具，这些家具以木为胎，外髹漆并搭配精美的纹饰，不仅能显示器物主人的身份和地位，还能保护木材不受损坏。春秋战国时期的髹漆木器出土较

多，家具种类也在不断丰富，家具的功能开始细化（图2-4）。

2. 秦汉时期

秦汉时期延续席地而坐的生活方式。矮型家具种类更加丰富，家具制作能兼顾功能与审美。秦汉时期外来文化传入，垂足而坐的生活方式逐渐出现，出现了高型家具。胡床是典型的高型家具，开始影响人们的生活起居。秦汉时期髹漆工艺不断发展进步。因为髹漆的保护，很多木质家具出土后得以保存下来。漆木家具数量大，种类多，而且表面装饰技术不断发展（图2-5）。

图2-2　春秋战国时期浮雕兽面纹漆木案（上海博物馆藏）

图2-2：曾侯乙墓中出土的浮雕兽面纹漆木案，桌面浅浮雕兽面纹，案腿为鸟形。全身以黑漆为地，朱绘花纹，彰显华贵。

图2-4　战国时期彩绘木雕座屏（湖北荆州市天星观1号战国墓出土）

图2-4：战国时期彩绘木雕座屏，通体髹黑漆，以红、黄、金三色彩绘花纹。屏心透雕双龙，透雕之上再以黑漆与朱漆描绘龙纹纹理。

图2-3　西周夔纹铜禁（天津博物馆藏）

图2-3：禁呈长方体，禁上面有三个椭圆形子口，前后两面各有两排镂空的长方形孔，四周都饰有精美的夔纹，增加了神秘感和艺术性。

图2-5　西汉南越王墓出土屏风复原（西汉南越王墓博物馆藏）

图2-5：屏风只遗留了金属构件，木质部分都已腐烂。此图是根据金属构件和出土痕迹复原出的屏风，屏风中设计双门，可启闭，两侧屏风可绕金属构件折叠展开。屏风将形式与功能完美合一，展示了西汉家具的辉煌。

2.1.3 发展期

1. 魏晋南北朝

魏晋南北朝时期，北方与西北民族内迁，同时佛教盛行。各民族的家具相互融合借鉴，家具门类和造型逐渐丰富。高型家具开始发展，床和榻的高度不断提升，胡床、高凳、绳床等高型坐具开始使用，使用高型家具垂足而坐的生活方式开始出现（图2-6）。

2. 隋唐五代十国时期

隋唐五代时期文化繁荣，不断吸收外来文化，出现了不少新型家具，出现了大量高型家具，垂足而坐为社会所接受。隋唐五代时期家具重视外形尺寸和结构与人体的关系，工艺严谨，造型优美，使用便捷。唐代更是进入了崭新的时期，家具造型流畅柔美、雍容华贵（图2-7）。

2.1.4 成熟期

宋、辽、金、元时期是中国家具走向成熟的时期，高型家具普及，垂足而坐代替了席地而坐。以席、床为主的家具过渡到以座椅、桌案为中心的家具。这一时期家具与唐代不同，造型简约，但是家具线脚、曲线丰富多变，家具造型具有创新、精简的设计元素，为后来明代家具发展高峰奠定了基础（图2-8）。

图2-6　三国时期魏陶案（山东东阿曹植墓出土）

图2-6：陶案造型朴素端庄，采用卯榫结构，形体低矮，人以跪坐的姿态使用。

图2-7　唐代栅足案（岳阳桃花山唐墓出土）

图2-7：唐代家具圆润丰满，宽大厚重，栅足案腿致密有序，显示出宏大的气势。案面两头起翘，是早期翘头案的造型特点。

图2-8　辽代木桌木椅
（北京房山辽代天开塔出土）

图2-8：桌椅成套，各构件都以榫卯进行连接，其结构已非常坚固稳定，造型与结构紧密配合，充分证明中国家具发展已趋于成熟。

2.1.5 鼎盛期

明清时期，我国政治稳定，经济发展，家具品种都已齐备，榫卯结构发展完善。

1. 明代家具

明代家具主要以漆家具为主，髹漆家具以柴木为胎，外髹漆，漆具有保护与装饰美化的作用。宫廷髹漆家具制作精美，工艺讲究，有素漆、彩绘、描金、描油、填漆、戗划、嵌螺钿、嵌百宝等。民间漆家具工艺相对简单，多为黑漆、紫漆、彩绘等（图2-9～图2-12）。

2. 清代家具

清初至乾隆时期，受统治阶级的审美观和外来文化的影响，发展出装饰繁复的清代家具，一直延续至清末。清式家具多施雕刻、镶嵌、髹漆等装饰手法，到清代晚期多数家具过度追求烦琐的装饰，最终被近代工业化家具所取代（图2-13～图2-15）。

图2-9 剔红孔雀牡丹纹香几（故宫博物院藏）

图2-9：此件香几有"大明宣德年制"款，是一件典型的木胎剔红家具，其造型简洁，比例尺度协调，木胎表面的剔红工艺精湛，代表了明代漆家具的工艺水平。

图2-10 填漆戗金云龙纹立柜（故宫博物院藏）

图2-10：此柜有"大明万历丁未年制"楷书款。立柜四面平式，对开门，整体造型朴素简洁，没有多余的装饰，只以横枨竖枨界分空间。在木胎表面施以戗金、填彩工艺，髹成各种纹饰，使得整件家具典雅华贵。

图2-12 楠木瓷面圆墩（故宫博物院藏）

图2-12：楠木温润，文人气质浓郁，墩面嵌瓷面。整体造型简洁雅致，没有刻意的雕琢髹饰，只在构件曲线上作处理，如微鼓的腿足，腿足之间的壶门曲线，以及四腿之下的圆形托泥，皆透着简洁的精致。

图2-11 铁梨木云头板腿翘头案（故宫博物院藏）

图2-11：翘头案造型修长厚重，案面两侧有翘头，增加轻盈的感觉。两腿之间安垂云挡板。面板底面中部刻有"崇祯庚辰仲秋制于康署"，是明代制作的家具。

图2-13 紫檀剔红嵌铜龙纹宝座（故宫博物院藏）

图2-13：此宝座由紫檀制成，座面之上靠背和扶手内装剔红板，剔红之上镶铜，鎏金，上浅浮雕龙纹。座面之下束腰上镶铜，鎏金。座面之下四腿，腿末端雕回纹纹饰。四腿之下接托泥。

图2-14 红木寿字纹攒拐子太师椅（观复博物馆藏）

图2-14：太师椅是清代座椅的典型代表，在明式家具严谨结构的基础之上，加入雕琢、髹饰、攒接等手法，营造出富丽堂皇、雍容华贵的风格特点。

图2-15 紫檀束腰式圈椅（故宫博物院藏）

图2-15：所用紫檀构件纤细文雅，辅以透雕、浮雕、圆雕等，增加椅子的华贵雍容之感。圆形椅圈的弧形设计元素也应用在外彭的四腿上，使上下呼应一致，一气呵成。

2.1.6 中西融合时期

早在清代康乾时期，我国开始与欧洲有了紧密联系，受欧洲文化影响，出现了中西合璧的建筑和家具，西番莲纹、贝壳纹、兽爪纹等纹饰都具有浓郁的中西合璧特色（图2-16~图2-18）。

清代晚期，上海被迫开放，西方人对租界区进行重新改造。19世纪中期至20世纪中期，具有中西融合风格的海派家具在上海发展起来。这种艺术风格是在中国传统家具基础上，吸收外来艺术风格，设计生产出符合中国人生活习惯的新式家具。除了上海，这类家具在广州也有发展。

民国时期的家具呈现出中西结合的特色。自1902年起，全国各地官方或商人相继兴办了工艺局、手工业工场。到1920年，木器工场、作坊已遍布全国，形成规模庞大的手工业工人群体。民国时期，家具体积增大，和欧洲家具风格相似，形成以客厅、书房和卧室家具为主的家具组合格局，大量使用玻璃、水晶等工业材料。家具腿足样式效仿欧洲洛可可风格和巴洛克风格（图2-19）。

2.1.7 新时期家具

现代家具发展迅速，家具造型与品质都在不断升级，家具设计开始体现文化内涵，强调装饰化与个性化相结合。家具设计不再只追求固定形态，而增加了对功能多样化、形态可变化等方面的考虑。

中国家具设计在借鉴各国设计风格和先进生产技术、传承传统工艺的同时，结合自身的民俗国情，逐渐形成新的家具风格。目前，板式家具、组合家具、全屋定制家具已经成为消费主流（图2-20）。

图2-16　清代紫檀西洋花纹椅（故宫博物院藏）

图2-16：此椅子椅面之上靠背和扶手做西洋曲线、西洋花以及贝壳状纹饰，受西方影响非常明显。椅面之下收束腰，束腰上浅浮雕仰莲纹饰，束腰之下安三弯腿，腿末端雕兽爪抱球。四腿之下安托泥，托泥之下安小足。

图2-17　紫檀西番莲纹带托泥方凳（观复博物馆藏）

图2-17：此方凳正方，凳面四面攒边。凳面之下收束腰，束腰之下接四腿，腿间安牙子，牙子和四腿满雕西番莲纹饰。两腿之间、牙子之下又装异形撑，使结构更加坚固。四腿之下安托泥，托泥起罗锅形，下踩小足。整件方凳精致华美。

图2-18　紫檀有束腰西洋纹方几（上海博物馆藏）

图2-18：此几正方，几面四面攒边。几面下收束腰，束腰上浅浮雕西洋纹饰。束腰之下接四腿，腿方直挺，在收尾处向内卷回纹。两腿之间安牙子，牙子和四腿上端皆浅浮雕各种纹饰，其中就有西洋卷草。四腿之下接托泥和小足。

图2-19　上海孙中山故居纪念馆里的陈设

图2-19：上海孙中山故居纪念馆里保留了民国时期的室内陈设和家居，不少家具显示出典型的海派中西合璧的艺术特色。

（a）组合家具

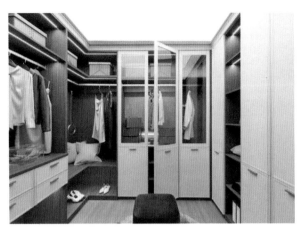

（b）全屋定制家具

图2-20 现代家具

图2-20（a）：组合家具将多种功能的家具、构件集合化设计，安装完毕后整体感强，可以根据空间实际情况搭配使用。

图2-20（b）：全屋定制家具注重功能多样化与视觉审美，是根据空间实际尺寸设计，在工厂制作完成后，将板料配件打包运输至施工现场组装，最终能与空间形体、尺寸、构造完美结合。

2.2 外国家具发展

2.2.1 古代时期

1. 古埃及家具

古埃及位于非洲东北部的尼罗河下游。公元前1500年，古埃及创建了尼罗河流域文化，当时的木家具有折凳、扶手椅、卧榻、箱和台桌等，现在都有所保留下来。古埃及时期的椅床脚常雕成牛蹄、狮爪等形式。帝王宝座的两边常雕刻有狮、鹰、羊、蛇等动物形象，给人威严、庄重和至高无上的感觉（图2-21）。

2. 古希腊家具

公元前7世纪至公元前4世纪是古希腊文化的鼎盛时期。古希腊已有座椅、卧榻、箱、棋桌和三条腿桌子。古希腊家具受其建筑风格影响，家具腿部采用建筑的柱式造型，或由轻快优美的曲线构成椅腿及椅背，形成了古希腊家具特有的艺术风格（图2-22）。

3. 古罗马家具

公元前6世纪意大利半岛的中部，罗马人经过扩张后形成了古罗马帝国。至今遗存的木材家具，常用的纹样有雄鹰、带翼狮子、胜利女神、桂冠等。虽然在装饰造型上受古希腊影响，但仍具有古罗马帝国的风格特征（图2-23）。

2.2.2 中世纪家具

中世纪前期的家具以拜占庭式和仿罗马式为主，直至14世纪，哥特式家具风靡整个欧洲。

1. 拜占庭家具

拜占庭家具继承了罗马家具的形式，并融合西亚艺术风格，采取雕刻、镶嵌等装饰手法，有的还采用浮雕工艺（图2-24）。

2. 哥特式风格家具

哥特式风格家具最早出现于12世纪的法国北部，设计风格具有优雅感。哥特式建筑特征是高耸的尖顶、尖拱、细柱、垂饰罩、曲线窗花、浅雕或

（a）古埃及靠背椅（纽约大都会艺　（b）古埃及折叠椅（图坦卡蒙墓
术博物馆藏）　　　　　　　　　　出土）

图2-21　古埃及家具

图2-21（a）：木质靠背椅，靠背上镶嵌有象牙，四腿雕刻成兽爪，雕刻精美生动。雕刻动物纹饰，镶嵌象牙、宝石等宝物，是古埃及家具的典型特色。座面的网面为后修补。

图2-21（b）：折叠椅是尊贵的有靠背的折叠坐具，椅子用黑檀木制作，造型独特，底座是折叠式，部件局部包金，四腿交叉，腿下端做鸭头形，下承横木。

图2-22　19世纪模仿克里斯姆斯椅子的椅子设计（纽约大都会艺术博物馆藏）

图2-22：1808年，建筑师本杰明·亨利·拉特罗贝（Benjamin Henry Latrobe）设计，模仿克里斯姆斯椅子，将其腿部和靠背的优雅弧度完美展现出来，宽阔的靠背板增加了使用者的舒适度。

图2-23　19世纪模仿古罗马交叉凳的凳子设计（纽约大都会艺术博物馆藏）

图2-23：设计者模仿古罗马交叉凳，将其腿部设计成X形交叉造型，且交叉的腿亦作弧线造型，座面也与腿足配合，做出下凹的曲线，上铺陈坐垫，增加舒适度。

图2-24　拜占庭家具

图2-24：拜占庭家具模仿罗马建筑上的拱券形式，进行雕刻或镶嵌装饰，节奏感很强。采用木材作为主体材料，并用金、银、象牙镶嵌装饰表面。

（a）德国哥特式雕花橡木橱柜（伦敦维多利亚与艾尔伯特博物馆藏）

（b）哥特式家具

图2-25　哥特式家具

图2-25（a）：这是伦敦戈尔故居（Gore House）中展览家具画册中的一件橱柜，橱柜上浅浮雕动物、枝叶纹饰的镶板装饰，是哥特式风格。

图2-25（b）：纵向的线条，平板状坐面、靠背，整体朴素、挺直、造型庄重，哥特式家具给人刚直、挺拔、向上的感觉。

透雕的镶板等，具有宗教的神秘感和崇高感。哥特式家具延续了建筑特色，椅子靠背较既往普通座椅要高，并带有耸出的顶尖（图2-25）。

2.2.3　近世纪家具

西方近世纪家具从16世纪到19世纪经历了文艺复兴、巴洛克、洛可可、新古典主义四个时期，尤以英、法两国为代表。

1. 文艺复兴时期家具

西方家具受文艺复兴思潮的影响，在哥特式家具的基础上吸收了古希腊、古罗马家具特征。文艺复兴家具采用封闭式框架造型，以装饰覆盖面板，柜子下座全部敞开，消除了造型上的僵硬感（图2-26）。

2. 巴洛克风格家具

巴洛克风格家具不对建筑装饰造型进行直接模仿，不塑造复杂、华丽的表面装饰，而是将装饰细节集中，加强整体装饰的和谐效果，彻底摆脱了家具设计从属于建筑设计的形式。巴洛克风格家具采用多变的曲面与线型，追求宏伟、生动的艺术效果，装饰除了精细雕刻外，还运用金箔贴面、描金填彩涂漆等艺术手法，达到华丽的艺术效果（图2-27）。

3. 洛可可风格家具

洛可可风格家具于18世纪30年代逐渐代替了巴洛克风格，它摒弃了巴洛克风格家具中豪华的造型元素，但是夸大了曲面造型，搭配柔婉、优美的曲线雕饰与色彩淡雅的织锦面料。洛可可家具不仅在视觉艺术上表现出高贵的气质，而且将实用与装饰进行完美结合（图2-28）。

2.2.4　新古典主义家具

新古典主义家具做工考究，造型精练朴素，以直线为基调，无烦琐的细部雕饰，追求理性的比例和审美。新古典主义家具体积比巴洛克家具要小，形体纤巧、轻盈，令人赏心悦目（图2-29）。

图2-26 文艺复兴时期家具

图2-26（a）：这是伦敦戈尔故居（Gore House）中展览家具画册中的雕刻柜，上面以圆雕、浮雕方式雕刻了人物、卷草纹饰，其中雕刻人物的圆雕柱式具有古希腊、古罗马风格。

图2-26（b）：柜受古希腊、古罗马建筑、雕塑风格影响，采用丰富的雕刻工艺，雕刻神话、宗教人物，以及动物、植物纹样，家具的象征意义大于使用功能。

（a）法国文艺复兴风格的雕刻柜（伦敦维多利亚与艾尔伯特博物馆藏）　（b）文艺复兴风格的雕刻柜（伦敦维多利亚与艾尔伯特博物馆藏）

（a）巴洛克风格桌台（伦敦维多利亚与艾尔伯特博物馆藏）　　　（b）巴洛克风格的扶手椅（伦敦维多利亚与艾尔伯特博物馆藏）

图2-27 巴洛克风格家具

图2-27（a）：桌面采用硬木镶嵌细工技术，黄杨木底座由四个巨大的滚动曲线的腿组成，四腿之间的X形支撑亦是滚动的饱满曲线。腿和支撑上雕刻着枝叶、花朵等纹饰。底座造型和纹饰是典型的巴洛克风格。此件桌台底座由威尼斯木雕刻家布鲁斯特隆（Andrea Brustolon）制作。

图2-27（b）：椅子由胡桃木和黄杨木制作，椅子框架包括扶手和腿足，都经过精心雕刻，讲究流畅的、波浪式的曲线，塑造出活泼、热情、奔放的艺术特色。

（a）洛可可风格玄关桌（伦敦维多利亚与　（b）洛可可风格的扶手椅（伦敦　（c）法国洛可可风格的沙发（伦敦维多
　　艾尔伯特博物馆藏）　　　　　　　　维多利亚与艾尔伯特博物馆藏）　　利亚与艾尔伯特博物馆藏）

图2-28　洛可可风格家具

图2-28（a）：洛可可风格家具造型轻盈，采用不对称、夸张的曲线，以及自然纹饰，通过金色涂饰或彩绘贴
金，营造富丽堂皇的奢华美感。这件玄关桌采用贝壳、珍珠和海洋生物，以及树干、花朵和芦苇等自然纹饰，
整体镀金，具有典型的洛可可艺术风格。

图2-28（b）：椅子所有木质构件皆浮雕随形的流畅曲线，配以贝壳、涡卷纹，采用自然的不对称的雕刻。四腿
三弯，柔和优雅，扶手和靠背亦使用柔婉的曲线。整体家具显得尊贵、优雅和精致。

图2-28（c）：这件沙发具有当时流行的洛可可风格的特点，运用蜿蜒的曲线，使用植物的枝叶、花卉以及贝壳
等装饰纹样。

（a）新古典主义风格的边桌（纽约大都会艺术博物馆藏）　　（b）新古典主义风格的书柜　（c）新古典主义风格的靠
　　　　　　　　　　　　　　　　　　　　　　　　　　（纽约大都会艺术博物馆藏）　　　背椅

图2-29　新古典主义风格家具

图2-29（a）：边桌融合了法国新古典主义和美国传统，出自移民美国的法裔设计者查理·奥诺雷·兰努耶
（Charles-Honoré Lannuier）。造型简洁轻盈，只有局部的雕琢髹饰，且雕琢精细有节制，与雕琢装饰烦琐的巴
洛克、洛可可风格截然不同。

图2-29（b）：这件新古典主义晚期风格的书柜，采用古典图案和元素，如兽爪、古希腊的科林斯柱式，其造型
有较大创新，增加了实用的书写功能。

图2-29（c）：靠背椭圆形，腿足长条形的雕刻和方块形连接座面，都是新古典主义风格的典型特点，在法国路
易十六统治时期，这种风格非常流行。

2.3　现代家具设计

近年来，随着我国经济持续稳定增长，现代家具设计显现出许多新特征，正不断适应人们现代生活的需求。

2.3.1　造型简洁与模块化

造型简洁的家具注重点、线、面、体的柔性转换，在简洁造型中注入了审美。规则的正方形和矩形开始取代各种自由形体，整体造型趋于简洁，设计构造有所优化，同时降低了生产成本（图2-30）。

图2-30　简洁的模块化办公家具

图2-30：模块化家具是指列出模块单元，并对这些单元进行组合，构成多种不同的家具。模块化设计的特点是标准性和通用性，它能提高生产效率，节省运营成本。

- 补充要点 -

宜家家具模块化设计

宜家家具均采用可自由拆分的组装件，将产品分成不同模块，能进行大规模生产和物流运输，为平板化包装奠定了基础，能节省大量运输成本，这将成为我国未来办公家具发展的主要趋势（图2-31）。

图2-31　宜家模块化家具

图2-31：宜家家具造型简洁，以现代主义风格为主，每款家具虽然为独立设计，但是在造型上并没有很突出的差异感，因此，组合起来能形成百搭的视觉效果，任何造型的宜家家具都能相互融合。

2.3.2　家具色彩丰富

现代家具设计融入更多暖色，如橙色系、红色系、黄色系等，以这些暖色为基调进行搭配，最终家具能让人保持思维活跃，提升工作、生活的舒适感（图2-32）。

2.3.3　人性化设计

人性化设计强调外观的形态美，同时也重视家具本身的舒适性与功能性，以及对家具使用者心理和生理需求的关注，强调人体工程学设计（图2-33）。

2.3.4 融入智能化

家具智能化是采用现代数字信息技术，实时采集不同类型信号，并由控制器对信号进行记录、判断处理，将处理后的信息生成指令，控制家具形体变化，满足人们各种需求。智能化家具正逐渐融入现代家具设计与发展中（图2-34）。

2.3.5 拆装组合灵活

拆装组合家具强调家具的标准化和模块化设计理念。人们可以根据自己的喜好购买不同零部件，经组合后形成不同款式的家具，从而打破了以往传统家具的固定形式，满足家具细分市场的多样化需求。

图2-32 暖色家具搭配

图2-32：红色布艺沙发可搭配白色抱枕、白色茶几与浅色背景环境，让红色突出高纯度的质感。

图2-33 可午休办公工位

图2-33：现代办公家具注重人性化设计，在办公工位中增加午休床构造，满足工作中途休息的需求。

图2-34 智能床

图2-34：对床垫进行精细化的加工设计，安装电动机与控制器，能根据人的使用需求变化床的形态。

2.4 家具设计风格

在家具设计发展过程中，形成了一系列风格与特征，这些风格符合现代生活审美，是家具设计、生产的主流形式。

2.4.1 中式风格

中式风格家具分为传统中式和现代新中式两类。传统中式家具形式纯粹、特征明显，明清家具是传统中式家具的代表，工艺精湛，造型端庄，积淀着中国传统文化的深厚底蕴（图2-35）。

2.4.2 欧式古典风格

欧式古典风格追求华丽、高雅的古典美，体现出华丽的视觉效果，家具外观华贵、用料考究，内在工艺精细、制作严谨，承载了厚重的人文历史（图2-36）。

2.4.3 北欧风格

北欧风格主要是指欧洲北部的丹麦、瑞典、挪

（a）仿古螭龙纹官帽椅　　　　（b）现代新中式茶台与茶椅

图2-35　中式风格家具

图2-35（a）：传统中式椅子用料考究，制作精良，局部细节的比例、装饰匀称协调。

图2-35（b）：新中式家具造型以线为主，造型多以现代与古典相结合，讲究对称，具有实用性。

（a）铜鎏金书桌　　　　（b）复古彩绘梳妆桌

图2-36　欧式古典风格家具

图2-36（a）：书桌边缘以铜鎏金包边，曲线桌腿，桌腿边缘装饰涡卷叶造型的铜件，充分展现了欧式古典家具的浪漫气息。

图2-36（b）：优美的曲线框架，搭配实木贴片、表面镀金装饰。在视觉上彰显华贵，具有较强的实用价值和装饰效果。

威、芬兰这四国的设计风格。北欧家具外形简洁有力度，色泽自然，崇尚原木韵味，表现出高品质的视觉效果。家具强调结构简单、舒适，注重人体工程学设计（图2-37）。

2.4.4　美式风格

美式风格强调随意、舒适、多功能性。家具多使用单色仿旧漆，式样厚重，风格相对简洁，细节处理十分重要。美式家具大量采用胡桃木、橡木、枫木等木料。为了突出木质本身的特点，贴面黏贴PVC木纹薄皮，使纹理成为一种装饰，并在不同角度下产生光泽（图2-38）。

2.4.5　地中海风格

地中海风格的家具色彩明亮丰富，具有地域民族特色与田园风情，引用部分欧式风格中的设计元素（图2-39）。

2.4.6　东南亚风格家具

东南亚风格结合了东南亚民族岛屿特色与精致文化品位，崇尚自然、展现原汁原味、注重手工工艺。家具中广泛运用木材和其他天然原材料，如藤条、竹子、石材、青铜和黄铜。色彩表现以原藤、原木色调为主，多为褐色等深色系，在视觉呈现上具有泥土的质朴感（图2-40）。

2.4.7　现代简约风格

简约风格强调家具的功能，线条简约流畅，将设计色彩、原材料简化到最低程度，但对家具的材料、质感有很高的要求。家具设计非常含蓄，能达到以少胜多、以简胜繁的效果（图2-41）。

（a）北欧简约风餐厅家具

（b）榉木格子柜

图2-37　北欧风格

图2-37（a）：木材是北欧风格家具的灵魂，主要运用未经过精密加工的原木，保存木材的初始色彩和质感，在软装配饰上以柔软、朴素的纱麻布为主。

图2-37（b）：柜子外形简练，内部没有多余的装饰，所有材质都袒露出原有的肌理和色泽。

图2-38　美式风格家具搭配

图2-38：美式家具采用上好的木材，厚实、耐用，但是美式家具少了欧式家具的金碧辉煌，保留了宽大、舒适的特点，显得更加实用。

图2-39　典型的地中海风格家具搭配

图2-39：浅黄、土黄、褐色、绿色、蓝紫色都是地中海风格常用到的色调。地中海风格家具没有精美繁复的雕花，造型浑圆且显得流畅、自然。

图2-40　典型的东南亚风格家具搭配

图2-40：偏现代风格的东南亚风格家具在细节造型上更加丰富，沙发搭配软质坐垫与靠枕，处于简洁室内空间中成为视觉中心。

（a）餐厅家具

（b）客厅家具

图2-41　典型的现代简约风格家具搭配

图2-41（a）：家具线条简约流畅，在最大程度上丰富家具造型的特色，餐桌与椅子的腿部是造型变化的重点，多以穿插、连体造型为主。

图2-41（b）：白色光感家具的光泽能使家具倍增时尚效果，舒适与美观并存。

2.5 著名家具设计案例解析

符合时代发展的家具设计都具有一个共同特征，就是家具设计在不断突破狭义的设计理念，形成被各类消费者接受的造型。下面精选一批推动家具产业与消费市场进步的家具设计案例，进行深度解析（图2-42～图2-60）。

图2-42　手工制作的书架与书桌

图2-42：手工制作家具最大的亮点在于可以根据自己的需求和喜好来设计家具样式。板材的纹路千变万化，你永远不知道完工后的成品会带给你怎样的惊喜，这是购买成品家具无法比拟的。

图2-43　Oslo椅和Valentino长凳

图2-43：极简主义以简单到极致为追求，是一种设计风格，感官上简约整洁，品位上更为优雅。极简风格的Oslo椅和Valentino长凳设计是融入了极简美学的现代设计，它们会给你带来夏日的无限清凉。

图2-44　创意办公桌设计

图2-44：这套书桌椅结合了传统家具连接结构与现代家具样式功能，具有十足的创意。通过传统的连接方式可以将它展开或者闭合，不用时更是为室内节省了许多宝贵的空间。它不但具备了小而强大的储物功能，还为使用者预留了电源位置，方便使用者使用笔记本等电子设备。

图2-45 彩色条纹编织椅

图2-45：巴西设计者Humberto Damata运用纬纱技术设计制作了彩色条纹编织椅，一系列彩色线条相互交织，创造了新的视觉印象和触觉体验。设计灵感来源于织物的图案，这种编织技术曾用于多种物件上，如篮子和天然纤维，但都依照正交的网格排列方式。编织椅用不规则的形式取代了传统的交叉编织，创造了一种更有趣的独特形式，而布料上的细条纹印刷图案更是强调了这一特点。编织椅均为手工制作，缤纷的色彩让人心生愉悦，独特的编织纹理让人眼前一亮。

图2-47 公共长椅设计

图2-47：公共长椅设计将普通长椅用抽象的方式扭曲重构，放在不同的公共空间中。这些公共长椅的设计充满了对普通座椅的趣味性解读，重新定义了公共长椅的用途与形式。他们用创意使人们从正常化的公共设施中体验到了出人意料的感受。人们在公共长椅上休息，可以调整出任何喜欢的姿态与人交流。

图2-46 创意书架设计

图2-46：紧凑的生活空间往往不能满足人们将高大方正的书柜搬进家里的愿望。在形式上，由书柜到书架，由平行格子到几何切割；在原料上，由单一实木到新型材料的组合；在颜色上，由沉稳到活泼——书柜、书架屡屡蜕变，新型产品也让人眼前一亮。

图2-48 置物架设计

图2-48：置物架可以用来堆放很多平时用不到的琐碎的东西，占地小，使用方便，很实用。在家居空间设计中，大大节省了不必要的空间。上图的墙面收纳设计承载着其他装饰物，同时各种样式的古朴旅行箱，完成了对墙壁的个性化装饰。

图2-49　双人床设计

图2-49：上下铺的儿童房间设计在节约空间的同时还可以营造出良好的儿童房温馨和谐氛围，让孩子们能更好地和谐共处，特别是有两个孩子的家庭，上下铺设计的双人儿童房是再合适不过了。

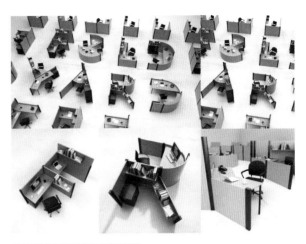

图2-50　创意办公桌设计

图2-50：法国3D艺术家与插画家Benoit Challand 提出概念式、开放式的办公环境，巧妙分割与组合运用，打造出既高效又童趣的英文字母办公环境，配合多种办公模式，可适时调整。

图2-51　克里斯姆斯椅

图2-51：椅背和后腿形成独立的连续曲线，前腿成比例地向前弯曲，以平衡后部的倾覆，后背本身由一块微凹的平板做成拱状，高度齐肩。

图2-52　Xcentic咖啡桌

图2-52：咖啡桌的两条交叉腿相互连接，造就了两个平面和一个空间，上面可以作为咖啡桌，中间可以翘腿。下面有可以放置书籍和报纸的空间。将它组合起来，就可以作为大桌子使用，更可以分开来做板凳。

图2-53　温莎椅

图2-53：构件完全由实木制成，并多采用乡土树种，椅背、椅腿、拉档等部件基本采用纤细的木杆旋切成型，椅背和座面充分考虑到人体工程学，强调使用时的舒适感。设计简单而不失合理，装饰优雅而不显奢靡。

图2-54 变形桌椅

图2-54：此款桌椅组合，将多种工业元素融合在一起，颜色清新明快、设计简洁大方。

图2-55 拉链床铺

图2-55：拉链床铺方便整理，只需覆上遮布，将拉链合上，床铺就高效地整理好了。还可以根据自己的喜好来选择床铺配色，进行定制。

图2-56 魔方立方体咖啡桌

图2-56：咖啡桌以魔方为原型进行创作，其外表颜色鲜艳，充满活力和趣味，体积小巧，便于移动搬运。它的每一层、每一格都为一个小抽屉，内部空间可充分利用，它既适合于各种娱乐场所，也适合于办公场合。储物格形状各有不同，各自功能也不同，矩形用于存放书本或一些文件，正方形用于摆放文具用品及小物件等。选材上采用胶合板，取材方便，易于拼接。

图2-57 拥抱椅

图2-57：这件拥抱椅在挑战传统的家具概念，给人带来视觉上的亲和力，椅身包裹着柔软的羊绒布，坐在上面有一种被椅子轻轻拥抱的感觉，给使用者提供全面的舒适和安全感。

图2-58 Bloom休闲椅

图2-58：Bloom休闲椅是由设计师肯尼斯·科邦普（Kenneth Cobonpue）设计的，以人造纤维做成的柔软褶皱拼合在一个碗状的树脂基座上，底部是钢制的圆盘。整张椅子由手工打造，外形如同一片荷叶，令人眼前一亮。

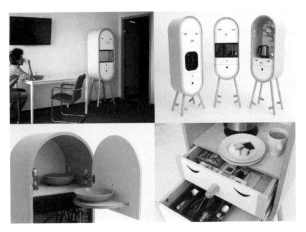

图2-59 LO-LO任意组合的微型厨房

图2-60 ZOO椅子

图2-59：俄罗斯的Aotta Studio设计外形如胶囊般的微型厨房，可收纳厨房所需的用具，使小户型住宅、工作室都可有一个迷你茶水间。

图2-60：MAYICE设计了这个ZOO椅子，作为组合类的家具，可以作为架子、茶几、凳子等使用。材质为实木，色彩鲜艳，Z字造型简洁。

本章小结

　　本章介绍了家具发展的历史，国内外家具设计主要的风格演变，分析了不同时期家具的设计特征。介绍了现代家具设计的特征，并指出现代家具的主流设计风格。最后列出具有时代特征的家具设计作品，为后期家具设计奠定良好的理论基础。家具设计形式是主流文化与地域环境的集中表现，是现代空间设计的重要组成部分。

课后练习

　　1. 详细描述我国家具的发展历程。

　　2. 介绍我国南北朝时期的家具特点。

　　3. 介绍明清时期家具的区别。

　　4. 根据自己的理解阐述哥特式家具创意设计的特点。

　　5. 举例说明一种现代主流家具的设计风格，重点阐述人性化的体现。

　　6. 举例说明现实生活中哪些地方的家具用到了拆装组合的设计。

　　7. 前往当地博物馆、纪念馆，考察一件展柜，说明展柜的设计风格，并根据博物馆、纪念馆的特色重新设计一款展柜，绘制出展柜设计草图。

第3章
家具尺寸设计

识读难度：★★★☆☆
重点概念：人体工程学、尺寸、数据、舒适

◁ 章节导读

　　家具的使用舒适度主要与家具的尺寸、样式相关，家具设计尺寸根据人体尺寸来设定，需要掌握人体尺寸数据与家具造型的关联性。本章主要介绍家具的尺寸设计方法，并列出常用家具的尺寸数据供参考（图3-1）。

图3-1　家具质地与尺寸设计

图3-1：软质家具的尺寸设计较为宽松，人体与家具的接触面积较大，家具支撑感强，整体家具构造与形态基本符合人体造型即可。沙发椅的座面高度为500mm左右，人体坐下后，实际承载的座面高度为400～450mm。

3.1　家具设计与人体工程学

　　人体工程学是以人、机和环境三者为参考对象，以实测统计、分析为研究方法。具体到家具设计上来看，也就是家具设计应当完全按照人体的生理结构功能量身定做，才能更有益于人的身心健康。

3.1.1　人体工程学基础

　　现代家具设计的核心是以人为本，人体工程学以人为核心来研究家具设计，考虑人体工程学会使得家具设计更符合人的生理和心理需求。

1. 人体工程学对家具设计的影响

人体工程学对家具进行分类，根据家具和人的关系，可以将家具分为以下几种。

（1）支承人体的家具，如椅、凳、沙发等。

（2）承托物体的家具，如桌、台等。

（3）贮藏物品的家具，如柜、架等。

2. 人体工程学与家具设计的原则

家具的基本功能是满足人们的行为需求。供人们休息使用的家具，应当使人们在静态使用状态时，疲劳程度降到最低，使人身体各个部分的肌肉完全放松。为人在工作状态下提供服务的家具，除了减轻人体疲劳外，还应注意与人的位置关系，以提高工作效率（图3-2）。

3.1.2 人体尺寸与家具的关系

家具设计要先了解使用者的基本尺度，因为家具是供人使用的，符合人体尺度的家具才能让人在空间里活动自如。

1. 人体静态尺寸

人体尺寸分为人体静态尺寸和人体动态尺寸，人体静态尺寸对与人体有直接关系的物体有较大的影响，表3-1为中国成年人身体的主要尺寸。

图3-2　办公家具布置

图3-2：对办公家具进行组合，经过组合后的家具之间形成交通空间，方便行走与沟通，提高办公效率。

表3-1　　　　　　　　　　　　18~70岁静态人体主要尺寸百分位数

	测量项目	成年男性							成年女性						
		P1	P5	P10	P50	P90	P95	P99	P1	P5	P10	P50	P90	P95	P99
1	体重/kg	47	52	55	68	83	88	100	41	45	47	57	70	75	84
2	身高/mm	1528	1578	1604	1687	1773	1800	1860	1440	1479	1500	1572	1650	1673	1725
3	眼高/mm	1416	1464	1486	1566	1651	1677	1730	1328	1366	1384	1455	1531	1554	1601
4	肩高/mm	1237	1279	1300	1373	1451	1474	1525	1161	1195	1212	1276	1345	1366	1411
5	肘高/mm	921	957	974	1037	1102	1121	1161	867	895	910	963	1019	1035	1070
6	手功能高/mm	649	681	696	750	806	823	854	617	644	658	705	753	767	797
7	会阴高/mm	628	655	671	729	790	807	849	618	641	653	699	749	765	798
8	胫骨点高/mm	389	405	415	445	477	488	509	358	373	381	409	440	449	468
9	上臂长/mm	277	289	296	318	339	347	358	256	267	271	292	311	318	332
10	前臂长/mm	199	209	216	235	256	263	274	188	195	202	219	238	245	256
11	大腿长/mm	403	424	434	469	506	517	537	375	395	406	441	476	487	508
12	小腿长/mm	320	336	345	374	405	415	434	297	311	318	345	375	384	401
13	肩最大宽/mm	398	414	421	449	481	490	510	366	377	384	409	440	450	470
14	肩宽/mm	339	354	361	386	411	419	435	308	323	330	354	377	383	395

续表

测量项目		成年男性							成年女性						
		P1	P5	P10	P50	P90	P95	P99	P1	P5	P10	P50	P90	P95	P99
15	胸宽/mm	236	254	265	299	330	339	356	233	247	255	283	312	319	335
16	臀宽/mm	291	303	309	334	359	367	382	281	293	299	323	349	358	375
17	胸厚/mm	172	184	191	218	246	254	270	168	180	186	212	240	248	265
18	上臂围/mm	227	246	257	295	332	343	369	216	235	246	290	332	344	372
19	胸围/mm	770	809	832	927	1032	1064	1123	746	783	804	895	1009	1042	1109
20	腰围/mm	642	687	713	849	986	1023	1096	599	639	663	781	923	964	1047
21	臀围/mm	810	845	864	938	1018	1042	1098	802	837	854	921	1009	1040	1111
22	大腿围/mm	430	461	477	537	600	620	663	443	470	485	536	595	617	661

注：1、5、10、50、90、95、99为百分位数，指出人体在不同百分位阶段的数据。

数据来源：《中国成年人人体尺寸》（GB/T 10000-2023）。

在家具设计中，人体的静态尺寸直接影响家具尺寸，例如，人体的身高应用于柜类家具的高度、搁板高度；立姿高度应用于隔断和屏风高度；坐姿高度应用于双层床上层最低高度；肘部高度应用于餐桌、橱柜、梳妆台、工作台等高度（图3-3）。

2. 人体动态尺寸

人体动态尺寸是人在活动时测量得来的，主要是指动作范围、动作过程、形体变化等尺寸数据，表示人在进行肢体活动时，所能达到的最大空间范围，这些数据能保证人在某一空间内正常活动（图3-4，表3-2）。

（a）接待台　　　　　　　（b）双层床　　　　　　　（c）餐桌椅

图3-3　人体静态尺寸与家具高度的关系

图3-3（a）：在站立的姿态下，最舒适的台面高度是低于人的肘部高度80mm。公共空间的接待台分为高、低两种台面高度，低台高度与书桌高度相等，为760mm，高台高度与站立人体肘部高度相当，为1050～1150mm。

图3-3（b）：挺直坐高应用于双层床，坐姿高度为1250mm左右，这也是上层床板底部距离地面的最小距离。

图3-3（c）：肩宽决定餐桌家具的部分尺寸；两肘宽度可以应用于确定餐桌宽度；臀部宽度用于限定座椅的宽度。餐桌单人设计宽度为650～750mm，单边坐2人，桌长为1300～1500mm。

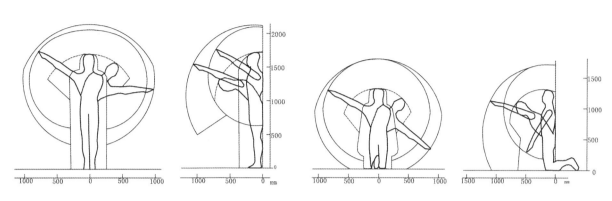

图3-4 人体动态活动空间

图3-4：在任何一种身体活动中，身体各部位的动作并不是独立完成的，而是全身协调完成的，具有连贯性和活动性，这对空间范围、位置问题有直接影响，人关节的活动、身体转动所产生的角度问题与肢体的长短需要统筹考虑。

表3-2		18～70岁工作空间设计用功能尺寸百分位数												单位：mm	
测量项目		成年男性							成年女性						
		P1	P5	P10	P50	P90	P95	P99	P1	P5	P10	P50	P90	P95	P99
1	上肢前伸长	729	760	774	822	873	888	920	640	693	709	755	805	820	856
2	上肢功能前伸长	628	654	667	710	758	774	808	535	595	609	653	700	715	751
3	前臂加手前伸长	403	418	425	451	478	486	501	372	386	393	416	441	448	461
4	前臂加手功能前伸长	291	308	316	340	365	374	398	269	284	291	313	338	346	365
5	两臂展开宽	1547	1594	1619	1698	1781	1806	1864	1435	1472	1491	1560	1633	1655	1704
6	两臂功能展开宽	1327	1378	1401	1475	1556	1582	1638	1231	1267	1287	1354	1428	1452	1509
7	两肘展开宽	804	827	839	878	918	931	959	753	770	780	813	848	859	882
8	中指指尖点上举高	1868	1948	1986	2104	2228	2266	2338	1740	1808	1836	1939	2046	2081	2152
9	双臂功能上举高	1764	1845	1880	1993	2113	2150	2222	1643	1709	1737	1836	1942	1974	2047
10	坐姿中指指尖点上举高	1188	1242	1267	1348	1432	1456	1508	1081	1137	1159	1234	1307	1329	1372

续表

测量项目		成年男性							成年女性						
		P1	P5	P10	P50	P90	P95	P99	P1	P5	P10	P50	P90	P95	P99
11	直立跪姿体长	581	612	628	678	732	749	786	610	621	627	647	668	674	689
12	直立跪姿体高	1166	1200	1217	1274	1332	1351	1391	1103	1131	1146	1198	1254	1271	1308
13	俯卧姿体长	1922	1982	2014	2115	2220	2253	2326	1826	1872	1897	1982	2074	2101	2162
14	俯卧姿体高	343	351	355	374	397	404	422	347	351	353	362	375	379	388
15	爬姿体长	1128	1161	1178	1233	1290	1308	1347	1097	1117	1127	1164	1203	1215	1241
16	爬姿体高	743	765	776	813	852	864	891	707	720	728	753	781	789	808

注：1、5、10、50、90、95、99为百分位数，指出人体在不同百分位阶段的数据。

数据来源：《中国成年人人体尺寸》（GB/T 10000-2023）。

3.1.3 坐具尺寸设计

座椅的形式和尺寸与使用功能有关，座椅的尺寸必须按照人体工程学的测量数据来确定（图3-5）。

人在站立姿势时，脊柱呈自然的S形，人坐下时盆骨会向后方回转，同时，脊椎骨下端也会回转，脊椎骨不能保持自然的S形，就会变成拱形，脊椎就要承受不合理的压力，人的内脏不能得到自然平衡就会受到压迫。

椅子功能评价主要包括臀部对坐面的体压分布，坐面的高度、深度、曲面，坐面与靠背的倾斜角度等，这些都决定人的坐姿重心与舒适度。

1. 坐具的分类

椅子支持面有三种形式，分别为办公椅、休息椅、多功能椅（图3-6）。

2. 坐具基本尺寸

坐具的主要类型有凳、靠背椅、扶手椅等，既可用于工作，又可用于休息。不同坐具的尺寸影响人在入座后的舒适感。

（1）坐高。过高或过低都会影响坐具的使用舒适度。坐面高度不合理会导致不正确的坐姿，坐时间越久，越会使人体腰部产生疲劳感。

（2）坐宽。座椅的宽度根据人的坐姿与动作呈前宽后窄，坐面的前沿宽度称坐前宽，后沿宽度称为坐后宽。坐宽要符合臀部尺寸，应不小于人的臀部宽度，可设置为380～460mm，软体坐具可设置为450～500mm。

（3）坐深。对人体坐姿的舒适度影响很大，通常坐深应小于人大腿的长度，且不大于420mm，软体坐具不大于530mm。

（4）坐面斜度（α）与背斜度（β）。坐面斜度一般为后倾，坐平面与水平面之间的夹角以4°～6°为宜，相应地椅背也向后斜（图3-7）。从舒适度上来看，背斜度为115°更为合适（表3-3）。

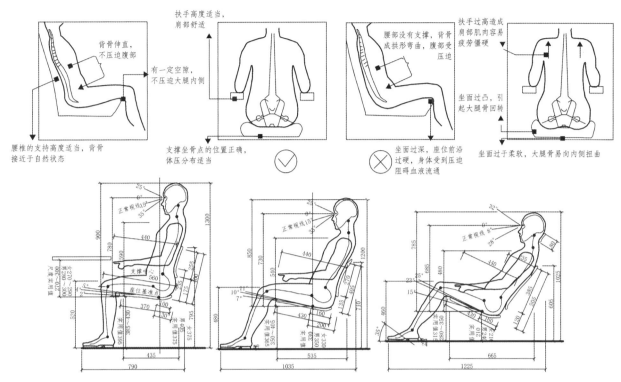

图3-5 椅子功能与支持面的标准形式

图3-5：椅子对人体的支撑主要是对骨骼和肌肉的支撑，这两类支撑都能舒缓疲劳，每个环节的支撑都有对应的尺寸数据。图中数据示意标准人体稳定姿势下的支撑面尺寸，而不是椅子的外形尺寸。

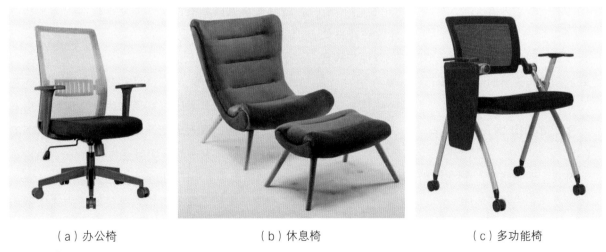

（a）办公椅　　　　　　　　（b）休息椅　　　　　　　　（c）多功能椅

图3-6 座椅

图3-6（a）：办公椅设计要考虑座椅的舒适性、方便性、稳定性。要考虑有适当的支撑，重量均匀分布在座面上，同时要适当考虑人体活动的方便性。

图3-6（b）：休息椅设计的重点在于人体得到最大的舒适感，消除身体的紧张感与疲劳感。

图3-6（c）：多功能椅设计重点是它可以与桌子配合使用，可以用于工作、休息，也可以作为备用椅使用，能折叠或堆积放置。

图3-7 平衡椅

图3-7：平衡椅在躺椅的基础上转移了连接构造，继承了躺椅的摇摆功能，还提高了椅子的弹性。

表3-3		座椅的角度值			
使用功能要求	工作用椅	轻工作用椅	轻休息用椅	休息用椅	躺椅
坐面斜度 α /°	0°~5°	5°	5°~10°	1°~15°	15°~25°
背斜度 β /°	100°	105°	110°	110°~115°	115°~123°

（5）坐具扶手高度。坐具扶手能减轻人们两臂的疲劳。人在坐姿时，手臂自然弯曲的肘高与坐面的距离一般约为250mm。

（6）椅靠背的宽度与高度。人体背部脊柱处于自然形态时最舒适，可以调节座椅的座面与靠背之间的角度与靠背的形状来保证舒适度。

3.1.4 卧具尺寸设计

卧具主要是指床，床的主要作用是让人尽快进入睡眠状态，供舒适地休息。

1. 卧具设计原则

人在仰卧时，不同于人体直立时的骨骼肌肉结构。人直立时，背部和臀部凸出腰椎有40~60mm，脊柱呈S形。而仰卧时，这部分差距减少至20~30mm，腰椎接近伸直状态。

当人起立时，身体各部分重量在重力方向作用下相互叠加，垂直向下。当人躺下时，身体各部分重量相互平行垂直向下，并且由于身体各部分重量不同，其各部位的下沉量也不同。床的软硬度要适合支承人体卧姿，使人体处于最佳的休息状态（图3-8）。

2. 卧具基本尺度

（1）床宽。人的翻身活动是否舒适与床的宽窄程度有关。单人床床宽通常为人体仰卧时肩宽的2~2.5倍，双人床宽通常为人体仰卧时肩宽的3~4倍，成年男子的平均肩宽为450mm，通常单人床的宽度不宜小于900mm（图3-9）。

（2）床长。床长是指两床头屏板内或床架内的距离。为了能适应大部分人的身长需要，床的长度应以较高的人体作为标准进行设计：

$$L=1.05H+a+b$$

式中　L 为床长；H 为人体身高；a 为头顶余量（一般取100mm）；b 为脚下余量（一般取50mm）。

（3）床高。床高是指床面距地面高度，一般以椅座的高度为准，能使床同时具有坐卧功能。此

（a）嵌入床　　　　　　　　　　　　　　　　（b）轻奢低床

图3-8　卧具

图3-8（a）：床垫嵌入床体中，床体外围构造较宽，人在上下床时坐在床的边缘，床垫下沉，床体能支撑人体重量，不会让床垫局部受压过大而导致变形。

图3-8（b）：目前比较流行的是轻奢低床，床体较低，增加床垫后整体高度约为400mm，由于整体高度低，上下床行动便利，床体底部为较细的金属支架，形成精致的现代风格造型。

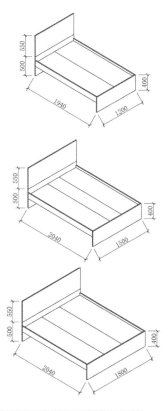

图3-9　床宽尺寸（单位：mm）

图3-9：目前市场上成品床的宽度为1200mm、1500mm、1800mm。其中宽1200mm的床长略短，为1940mm。宽1500mm与1800mm的床长为2040mm。

外，还要考虑人穿衣、穿鞋等动作，床高为400~500mm之间。双层床的层间净高必须保证下铺使用者有足够的动作空间，但又不能过高，过高则会造成使用者上下的不便或上层使用空间的不足。双层床的底床铺面离地面高度不应大于420mm，层间净高不应小于1050mm（图3-10）。

3.1.5　桌子尺寸设计

课桌、餐桌、写字桌等的尺寸与人体在坐姿状态下的各种活动，以及人体动作密切相关，并可放置或贮藏物品（图3-11）。

1. 高度

桌子的高度与人体运动时的肌体状态有着密切的关系。过高的桌子容易造成脊椎侧弯和眼睛近视，肘低于桌面可引起肌肉紧张，产生疲劳。桌子过低会造成人体脊椎弯曲不当，引起驼背，腹部受压，妨碍呼吸运动和血液循环等，背部紧张收缩也容易引起疲劳。

设计桌高时，应该坚持先有椅，再有桌的原则。先测量椅座高，再根据人体桌高比例尺寸来确定桌面与椅面的高度差，再将两者相加即可，即：

桌高 = 坐高 + 桌椅高差。

2. 桌面尺寸

桌面的宽度和深度应该以人体保持坐姿时，手可达到的水平工作范围为依据，同时考虑桌面可能放置物品的尺寸。如果是多用途桌子，

图3-10　高低床

图3-10：高低床之间的净空不能低于人的坐姿高度，净空高度应大于1050mm。

图3-11　餐桌

图3-11：常规餐桌为圆边矩形，若多人就餐可展开成圆形。

还要增添附加装置。双人平行或双人对坐的桌子，桌面尺寸应考虑双人动作幅度，保证互不影响。

　　阅读桌、课桌的桌面，可设计约12°的倾斜，以便获取舒适的视角，当视线向下倾斜60°时，视线与倾斜桌面接近90°，文字在视网膜上的清晰度很高，既便于书写，又能使背部保持正常的角度，减少了弯腰与低头动作，从而能减轻背部肌肉紧张和酸痛的现象（图3-12）。

3.1.6　贮藏类家具尺寸设计

　　贮藏类家具是指收纳日常生活中的衣物、消费品、书籍等的家具，可分为柜类贮藏和架类贮藏两种不同的贮藏方式。柜类贮藏方式有大衣柜、小衣柜、壁柜、书柜、床头柜、酒柜等；架类贮藏方式有书架、陈列架、食品架等（图3-13）。

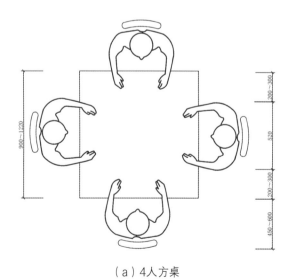

（a）4人方桌

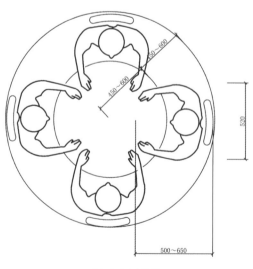

（b）4人圆桌

图3-12　符合人体工程学的办公会议桌桌面尺度

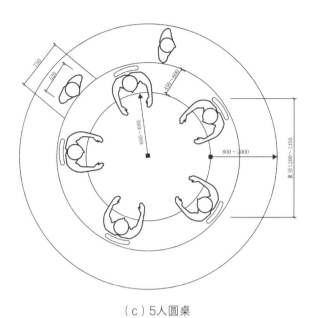

（c）5人圆桌

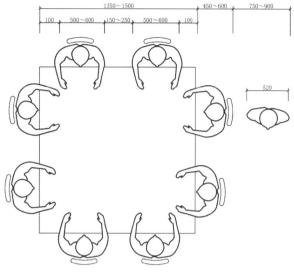

（d）8人方桌

图3-12　符合人体工程学的办公会议桌桌面尺度（续）

图3-12（a）：4人方桌较宽，相邻两人之间有一定空间，用于放置物品，并保持相邻座位的间距。

图3-12（b）：4人圆桌的直径虽然与4人方桌边长相当，但是人的坐姿会有明显前倾，缩小了整体占地面积。

图3-12（c）：5人圆桌的尺寸变化较大，可供5~6人使用，相邻两人之间能保持一定间距，除了放置物品，还能保护隐私。

图3-12（d）：8人方桌尺寸较大，多采用尺寸较小的矩形桌或方形桌拼接成形，经组合后可供临时使用。

图3-13　酒柜

图3-13：酒柜结构较复杂，尤其是造型丰富、内部结构复杂的成品酒柜，高度多为2200mm。酒柜宽度分段设计，每段宽800~1400mm，经过组合后适用于大多数室内墙面宽度尺寸。

1. 设计要求

储藏类家具要先按照人体工程学原则，根据人体的行为活动和四肢可触范围来设计，此外还要根据物品的使用频率来设计。

2. 设计尺寸

以人肩为轴，上肢长度为半径范围，高度设计为650~1820mm，是存取物品最方便的区域，也是人眼最易看到的视域。因此，1820mm是衣柜家具高度合理尺寸（图3-14）。

在储藏类家具中，应当设计挂衣区、叠放区。从地面至人站立时手臂下垂指尖的垂直距离，即640mm以下的区域存取不便，人必须蹲下操作，一般存放较重或不常用的物品，此空间一般为箱包区或挂裤区（图3-15）。

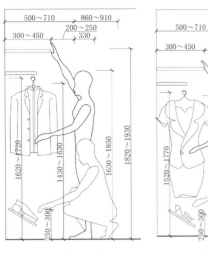

（a）男性用衣橱　　　（b）女性用衣橱

图3-14　衣橱尺寸

图3-14（a）：男性用衣橱整体格架高度较高，最高隔板可达1930mm。

图3-14（b）：女性用衣橱整体高度略低，最高隔板不高于1820mm。

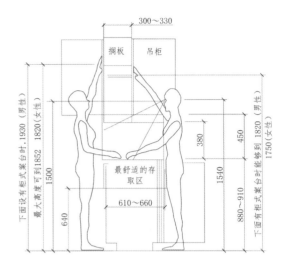

图3-15　橱柜尺寸

图3-15：橱柜设计与衣柜设计尺寸相当，但是要考虑高柜与低柜的深度差距，过深的低柜会影响高柜的储物高度。

3.2　家具分类尺寸运用

家具是人们日常生活中不可或缺的用具。木质家具能体现现代文明的发展轨迹。木质家具设计需要不断创新，才能更好地为生活服务。

3.2.1　低柜类家具

低柜是相对高柜而言的柜类家具，造型、结构与高柜一致，深度为350～600mm，高度为600mm以下。低柜常用于贮藏、收纳小件物品（图3-16）。

3.2.2　中柜类家具

中柜类家具高650～1200mm，应当配防倾倒装置，如角铁等配件（图3-17）。

3.2.3　高柜类家具

高柜类家具高度为1200mm以上，要求收纳空间划分合理，方便存取，有利于减少疲劳，收纳空间大，能满足多种收纳需求（图3-18）。

（a）床边柜 　　　　　　　　　　　　　　　　（b）电视柜

图3-16　低柜类家具

图3-16（a）：床边柜是放在床头左右两侧的小型立柜，主要存放日常用品，放置床头灯等。

图3-16（b）：电视柜多带有抽屉和隔板，收纳功能强大，可以承托电视、音响、杂物等物品，为储物收纳发挥着很大作用。狭小的客厅中，更适合小尺寸电视柜，电视柜的长度由电视背景墙的尺寸决定。

（a）鞋柜 　　　　　　　　　　　　　　　　（b）橱柜

图3-17　中柜类家具

图3-17（a）：现代鞋柜多为多功能储物柜，柜体包括抽屉和搁板等，便于收纳鞋子与各类小型物品，收纳功能较强。

图3-17（b）：橱柜分为地柜、吊柜、特殊柜三大类柜形，主要包括柜体、门板、台面、五金几个部分，有洗涤、料理、烹饪、存贮等功能。地柜高800~850mm，深500~600mm，台面深600mm，吊柜高700~750mm，深300~350mm。

3.2.4 搁架类家具

厨房、洗手间、玄关等空间较窄，需要摆放许多零碎物品，深度多为200～300mm，可以充分利用空间，设计搁架类家具来收纳诸多物品（图3-19）。

3.2.5 案几类家具

案几类家具比较独立，多适用于室内剩余空间，整体尺寸较小，长宽尺寸多为400～1000mm（图3-20）

3.2.6 椅凳类家具

椅、凳设计既要考虑休息功能，也要考虑人体使用的舒适程度。深度与高度多为300～400mm。休息类椅、凳的设计要做到结构合理，造型美观，座板软硬适度（图3-21）。

3.2.7 床类家具

床的长度为2000～2200mm，高度为350～500mm，具有坐、卧功能，同时也要考虑就寝、起床、更衣、穿鞋等动作需要。小卧室的床可以略低一些，以减少室内的拥挤感，使空间更开阔（图3-22）。

（a）组合衣柜

（b）立柜

图3-18 高柜类家具

图3-18（a）：定制衣柜最大的优势在于能充分、合理地利用空间，根据需求设计，或是抽屉多，或是隔板多，整体性、组合性较高。

图3-18（b）：立柜可以用来收纳衣物、厨具或其他物品，功能很多，收纳容量也较大。

（a）书架

（b）置物架

图3-19 搁架类家具

图3-19（a）：现代书架款式简约实用，能节省地面空间，有装饰墙体的功能。

图3-19（b）：置物架是开放式家具，没有压迫感，可安装滑轮，作为摆饰架灵活运用。即使只是置于屋内一角，也能使整体氛围更出色。可用此置物架收纳玩具、书籍或小电器，摆放花瓶或艺术品等。

（a）茶几

（b）餐桌

（c）书桌

（d）梳妆台

图3-20 案几类家具

图3-20（a）：简单大方的茶几，如果使用柞木、榉木等材质制作，可以充分表现出木材原有的质感。

图3-20（b）：圆桌直径为600mm（2人）、800mm（3人）、900mm（4人）、1100mm（5人）、1200mm（6人）、1350mm（8人）、l600mm（10人）、1800mm（12人）；方餐桌尺寸为800×800mm（2人）、1400×700mm（4人）、2200×800mm（6人）；餐桌高为720～760mm。

图3-20（c）：书桌主要用于书写、工作、阅读或操作，兼储物功能，要求具有一定的耐水、耐热、耐腐蚀性能，尺寸应符合人体工程学要求。

图3-20（d）：梳妆台主要为女性整理妆容而设计的家具，梳妆台高度是设计重点，如果过高，会让卧室的整体空间显得太小；如果过低，化妆时脸部不能完全显露在镜子中。

（a）座椅

（b）长条板凳

（c）圆凳

（d）方凳

图3-21 各类椅凳

图3-21：椅子由椅腿、望板、撑档、椅座、靠背、扶手、座板等构造组成。凳子无靠背，由坐面和腿支架两部分组成，坐面多为方形、长方形、圆形等，其结构简单，非常实用，在我国被广泛使用。

（a）平板床

（b）四柱床

（c）上下双层床

（d）罗汉床

图3-22　床

图3-22（a）：平板床由床头板、床尾板、护挡、骨架构成，式样简单，床头板与床尾板可营造不同的风格效果，也可舍弃床尾板，让整张床看上去更大。

图3-22（b）：四柱床是欧式风格的代表，四柱上有古典风格雕刻图案，可悬挂不同花色的布帘，独具风情。

图3-22（c）：上下铺的双层床设计适合小房间或儿童房，能节省空间。

图3-22（d）：罗汉床的形制较多，大多有围合构造，两个人可在罗汉床上斜倚着聊天，类似双人沙发。

3.3　家具尺寸与空间环境

3.3.1　空间环境塑造

室内空间环境需要家具来塑造。室内空间流线顺畅，灯光、色彩搭配和谐，家具与空间格调要求统一。所选用的家具除了注重尺寸准确外，家具还必须与各空间形式、材料和色彩保持一致（图3-23）。

3.3.2　家具尺寸与空间和谐统一

确定家具尺寸，首先要测量房间的长、宽、

高，以及门窗、梁柱等位置的具体尺寸。了解空间尺寸有助于我们选购合适尺寸的家具，使家具尺寸与空间大小保持一定的比例，避免家具过大或过小，影响整体空间的和谐。

家具摆放应遵循"少而精"的原则，避免过多家具拥堵空间。摆放家具时，要考虑到通道、窗户等的位置，保持空间通透。大型家具应摆放在空间较宽敞的区域，小型家具则适合放置在空间较小的角落（图3-24、图3-25）。

3.3.3　家具尺寸与功能完善

　　室内设计中的空间界面不足，可以由家具来弥补。在较大的空间中，可以根据需要划分出一些小空间，家具是最灵活的划分方式。如屏风、隔断一直都是室内空间分隔的重要媒介。室内设计要确定家具在空间中的使用功能，如在购物空间中的台柜设计，只要完成货架、展台、收银台和储物柜设计，其主要功能就确定了。如今的购物环境并不单纯为购物，它也是休闲和娱乐的场所（图3-26、图3-27）。

（a）住宅室内家具布置平面图

（b）住宅室内家具布置鸟瞰图

图3-23　空间环境塑造

图3-23（a）：住宅室内空间尺寸基本上是为家具布置预留的，在每个独立的空间中，家具尺寸与墙体尺寸均存在联系，改变墙体结构能使室内空间更好地置入家具。

图3-23（b）：家具色彩会影响室内空间环境，当空间面积较小时，可以选择浅色系家具，尤其是多种较高纯度的浅色相互搭配的家具，能让较小的空间显得丰富充盈。

图3-24　酒店内的家具

图3-24：家具和室内风格必须匹配。豪华酒店客房内，无论是床，还是沙发、书桌，都显得高贵大气，很有体量感。

图3-25　西餐厅内的家具

图3-25：时尚的西餐厅里客人可以感受到悠闲随意的气氛、舒缓流动的格调，桌椅的造型饱满优雅，一切都布置得有条不紊。

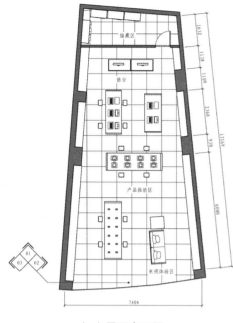

（a）平面布置图

（b）01立面图

（c）02立面图

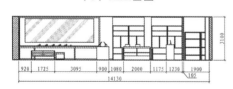

（d）03立面图

（e）全局鸟瞰图

（i）货架

（f）手机展台

（j）前台与背景墙

（g）电视机展示墙

（k）休息观摩座椅

（h）透光广告灯箱

（l）平板电脑展台

图3-26　数码产品专卖店家具设计（常华溢）

图3-26（a）：数码产品店内的产品形体较小，消费者人流量较大，因此，家具设计多以宽大的展台为主，同一展台上摆放多种数码产品，同时拉开展台之间的间距。

图3-26（b）：01立面图表现的是前台家具造型，前台台柜形体较高，满足收银员与消费者的站立姿态需求。

图3-26（c）：02立面图表现的是室内右侧墙面上的货柜与电视机商品，电视机呈上下两排挂置，上下排的中心线约为1600mm高，符合人体视线的平均高度。

图3-26（d）：03立面图表现的是室内左侧灯箱与货柜，灯箱下隔板与货柜中主隔板高度均为1100mm，适合人以站立姿势查看商品。

图3-26（e）：全局鸟瞰空间纵深较深，梯形空间外部入口处较宽，内部较窄，能快速吸引大量消费者进店参观。

图3-26（f）：手机展台较长，将时尚主流产品一次性展出，位于空间靠外侧，消费者进店观看率最高。

图3-26（g）：电视机展示墙外围设计框架造型，将区域功能与展示内容界定明确。

图3-26（h）：透光广告灯箱能随时更换广告画面，主要台板上放置与广告画面同步的手机产品，引导消费者快速参观选购。

图3-26（i）：货架设计分为上、中、下三个部分，上、下两部分放置形体较小的产品包装盒，中间留空备用，或用于展示形体较大的数码产品。

图3-26（j）：前台围板高1150mm，台面高1000mm，可以放置计算机显示器。

图3-26（k）：休息观摩座椅选用日式风格的木质框架沙发，面对电视机展示墙，方便消费者观看。

图3-26（l）：平板电脑展台位于空间中央，也属于热销产品，横向布置，为内外空间的界线。

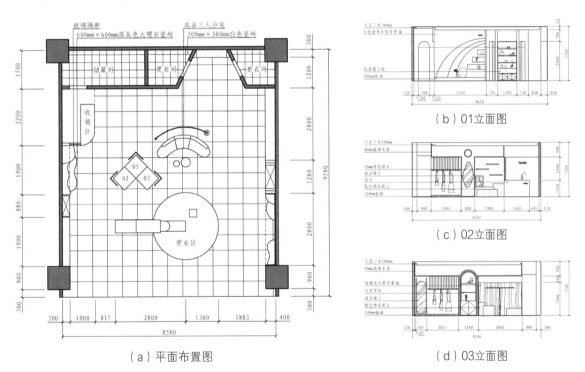

（a）平面布置图　　　　　　　　　　（d）03立面图

图3-27　服装专卖店家具设计（王晓艳）

图3-27（a）：中高端服装店内货品较少，家具设计多为独立构造，或中央摆放或靠墙设置，服装展品分散布置，拉开展台之间的间距，满足消费者自由通行、浏览的需要。

图3-27（b）：01立面图表现的是店内后侧墙面造型，墙面设计有跨度较大的弧形造型与内凹展柜，放置较小饰品。

图3-27（c）：02立面图表现的是室内左侧墙面上的台柜与隔板，更衣镜将墙体分为左右两部分，左侧挂置服装，右侧摆放台柜与隔板，放置鞋子与箱包。

图3-27（d）：03立面图表现的是室内右侧墙面上的台柜与展示柜，展示柜将墙体分为左右两部分，左侧挂置服装，右侧摆放展柜，放置鞋子与箱包。

（e）全局鸟瞰图

（f）店面入口

（g）入口展台

（h）休息等候区沙发

（i）更衣间

（j）装饰墙造型

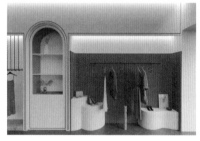

（k）展柜、展台与展架

（l）展台与隔板

（m）收银台

图3-27 服装专卖店家具设计（王晓艳）（续）

图3-27（e）：空间全局较方正，内部设计有储物间与更衣间，货架家具靠墙设计，中央独立放置沙发与展示台柜。

图3-27（f）：店面入口宽度较宽，家具布置无遮挡，吸引消费者快速进入店面选购。

图3-27（g）：入口展台造型呈交错状，高1350mm，分多层展示商品，地面搭配圆形地毯，表明为时尚精品区。

图3-27（h）：休息等候区沙发为独立弧形状，背后放置高2000mm的衣架，形成虚拟隔断。

图3-27（i）：更衣间开门之间设计装饰柜，隔板间距280mm，隔板背后设计灯光，形成通透的照明效果，补充了内凹空间采光。

图3-27（j）：弧形内凹造型墙面与内凹装饰柜，装饰柜每格高度与深度均为250mm，是点缀空间墙面的最佳装饰造型，内凹构造的橙色与表面白色形成对比，突出家具造型的精致感。

图3-27（k）：圆拱造型展柜高2600mm，内置两层隔板用于放置装饰品。右侧墙面涂刷橙色乳胶漆，搭配弧形展台与展架，放置套装商品，展架高1800mm，方便消费者取放衣物。

图3-27（l）：以更衣镜为中心，左右两侧设计挂架、展台与隔板，放置小件商品，隔板深250mm。

图3-27（m）：收银台采用弧形转角造型，高1000mm，摆放显示器，供营业员与消费者以站立姿态收银、付款。

本章小结

　　本章介绍了家具尺寸的设计方法，列出了多种常见家具类型，分析家具尺寸数据与人体之间的关系。对家具进行多种形式的分类，不断细化家具尺寸数据。最后列出具体的设计案例，分析家具与室内空间环境之间的关系。指出家具尺寸设计必须按照室内环境设计的总体要求，家具要为烘托室内气氛、营造室内某种特定的意境服务。家具的华丽、精致、典雅等特色造型，都应当有相对应的尺寸来支撑。

课后练习

1. 测量生活中的一件或一套家具尺寸，绘制简要图纸并标注尺寸。

2. 熟记人体工程学中关于家具尺寸的相关内容。

3. 根据自己的理解阐述人体工程学在家具设计中的作用。

4. 分析餐桌的尺寸，说明用餐人数与餐桌尺寸之间的关系。

5. 分析床的尺寸，上网查找10种床的各项尺寸，并通过图表来记录。

6. 结合本章知识点，自己设计一种独特的家具。

7. 考察家具销售实体店，选择一款中式传统风格家具，拍摄图片并测量各种尺寸，重新设计该家具，融入更科学的尺寸数据。

第4章
家具设计
内容与程序

识读难度：★★★★☆
重点概念：概念、形态、构成、色彩、
原则、程序

◄ 章节导读

家具设计需要从基础概念入手，建立初步设计思想后，运用构成审美来提升家具的美学价值。根据设计的既定目标按程序推进，最终顺利完成家具设计。简洁造型是当下家具设计主流，抛开烦琐的装饰，强调使用功能。（图4-1）。

图4-1 沙发边几

图4-1：采用不锈钢为主体材料构件的几何造型家具，遵行现代风格，在审美上能满足多种空间的使用需求。

4.1 家具概念设计

4.1.1 概念设计基础

家具概念设计是考虑功能、结构、人机工程学在内的家具外观形态设计，其目标是获得家具形式或形状。

家具概念设计是指从家具需求分析开始到详细设计之前的阶段，主要包括原理设计、功能设计、初步结构设计、人机工程学设计、造型设计等几部分。这几个部分虽存在一定的阶段性和独立性，但实际设计过程不同阶段相互联系，相互依赖，相互影响（图4-2）。

概念设计高度体现了设计的艺术性、创造性、综合性和设计者的经验。一旦概念设计被确定，家具造型的80%也就被确定了。概念设计阶段所花费的成本和时间，在总开发成本和设计周期中所占的比例通常都在20%以下。

4.1.2 概念设计思想转化

家具概念设计首先要设定一个理念，并围绕这个理念展开，家具概念设计是一种技术探索，是发现新家具开发所必须解决的技术问题。

此外，家具概念设计也为宣传活动提供了素材，可对将要推出的产品通过广告宣传来造势。家具的概念设计内容以宏观为主，不用深入到具体的技术细节（图4-3）。

图4-2 Lofty单椅

图4-2：好搭配、易入手的设计单椅，最适合居家布置新手拿来妆点空间，如梦幻般的雕塑品外形，搭配上不锈钢抛光材质，无论在视觉、触觉，还是乘坐感上，都予人一股沁入心里的凉意。

图4-3 创意椅子设计

图4-3：设计界关于座椅的创意总是百花齐放，佳作频现，舒适的椅子不仅对健康有益，还能提升生活品质。

4.2 家具造型形态构成

家具设计应该是在造型设计的统领下，将使用功能、材料与结构完美统一。要设计出完美的家具造型，就需要我们掌握设计的基本要素和构成方法，包括点、线、面、体、色彩等基本要素，并按照设计法则构成美的家具造型形态（图4-4）。

概念形态以点、线、面、体作为基本形式，其几何定义见表4-1：

家具设计是以造型为核心而展开的系统设计，能够塑造和传播家具文化。下面就概念形态的点、线、面、体四个构成元素结合家具造型进行介绍。

4.2.1 点的形态构成

点是形态构成中最基本的构成单位。在几何学中，点的理性概念形态是无大小、无方向、静态

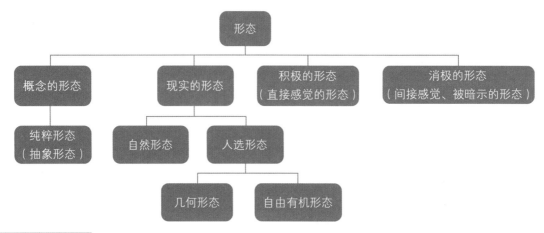

图4-4 形态设计内容

图4-4: 形态是人们所能感受到的物体的样子。在进行家具设计时,必须很好地了解形态的概念。

表4-1 点、线、面、体的几何定义

构成元素	点	线	面	体
动	只有位置,没有大小	点运动的轨迹	线运动的轨迹	面运动的轨迹
静	线的界限或交叉	面的界限或交叉	立体界限或交叉	物体占有的空间

的,只有位置(图4-5)。而在家具设计中,比整体空间和环境背景小的形体都可称为点。例如,一组沙发与茶几的家具构成,一个造型独特的落地灯就能成为这组家具中的装饰要点。

点在家具造型中应用非常广泛,它不仅可以是功能结构,也可以是装饰构成。如家具上的拉手、锁具、包扣、泡钉等五金配件(图4-6),它们都以点的形态特征呈现。在家具设计中,可以借助点的表现特征加以运用,能获得良好的效果。

4.2.2 线的形态构成

在几何学中,线是点移动的轨迹,线是构成一切物体轮廓的基本要素。线的形状可以分为直线和曲线两大体系,二者的结合能构成一切造型形象。

各类物体所包括的面和体,都可以用线表现出来,线是造型艺术设计的灵魂。线的曲直运动和空

(a)点的发散　　　(b)点的序列构成

图4-5 点的形态

图4-5(a):点是有大小、方向,甚至有体积、色彩、肌理、质感的,在视觉与装饰上产生亮点、焦点、中心的效果。

图4-5(b):点按序列排列形成有规律的图形,具有一定审美感。

间构成能表现出所有的家具造型形态,并表达出情感与美感、气势与力度、个性与风格(图4-7)。

1. 线条的表情

线的表现特征主要随线的长度、粗细、状态和运动位置不同而有所不同,从而在人们视觉、心理

（a）点在床中的应用

（b）点在抽屉拉手上的应用

图4-6　点在家具上的应用

图4-6（a）：床的软质包裹材料需要强化固定，采用分散固定的方式，每个分散点需要在外部增加盖帽遮盖，最终形成具有序列状的凹陷点。

图4-6（b）：多个抽屉整齐排列，圆形点状拉手呈纵向整齐排列，具有秩序美感。

图4-7　交错线的构成

图4-7：粗细不一的线条相互交错，形成有规律的穿插，使线条之间的间隙保持基本一致，形成网格状图形，并具有一定秩序美。

上产生不同的效果，并具有不同的个性。直线的表现一般为严格、富有逻辑性。

（1）垂直线。能带给人们严肃、高耸、端正的感觉，在家具设计中，强调垂直线条，会让人产生庄重感和超越感。

（2）水平线。具有左右扩展、开阔、平静、安定感。水平线为一切造型的基础线，在家具设计中运用水平线划分立面，能强调家具与大地之间的关系。

（3）斜线。具有散射、突破、活动、变化、不安定感。在家具设计中合理使用，能获得静中有动、变化而又统一的效果。

2. 线条的应用

家具造型构成的线条有三种：一是纯直线构成的家具；二是纯曲线构成的家具；三是直线与曲线结合构成的家具。线条决定着家具的造型，不同的线条构成了千变万化的造型风格（图4-8）。

4.2.3　面的形态构成

面是由点的延伸、线的移动而构成的，面具有

（a）自由曲线家具

（b）规则直线家具

图4-8　线条的应用

图4-8（a）：在成型的椅子框架基础上连接出自由曲线，形成具有一定围合感与包裹感的造型。

图4-8（b）：规则的直线具有序列感，能表现出家具的规整性与端庄感。

二维与三维空间的特点。面可分为平面与曲面，平面中有垂直面、水平面与斜面；曲面中有几何曲面与自由曲面等（图4-9）。

不同形状的面具有不同的情感特征，正方形、正三角形、圆形具有简洁、明确、秩序的美感。多

面形是一种不确定的平面形。面的边缘越多，越接近曲面，曲面形具有温和、柔软的动感，软体家具、壳体家具多用曲面形。

除了形状外，家具中的面还具有材质、肌理、色彩方面的特性，在视觉、触觉以及声学上产生不同的感觉。大多数家具板材都是面的形态，有了面的构成，家具才具有实用功能，并构成形体。在家具设计中，可以灵活运用各种不同形状的面，构成不同风格的家具造型（图4-10）。

4.2.4 体的形态构成

体是面移动的轨迹，体是由面围合起来所构成的三维空间。体有几何形体和非几何形体两大类。几何形体主有正方体、长方体、圆柱体、圆锥体、三棱锥体、球形等形态；非几何形体是指一切不规则的形体。在家具造型设计中，正方体和长方体是用得最多的体，如桌、椅、凳、柜等（图4-11）。

4.2.5 家具造型设计意义

现代家具设计是工业革命后的产物，随着信息时代到来，现代家具设计早已超越单纯的实用价值

图4-9 自由曲面构成

图4-9：对纸张进行卷曲加工，形成具有围合感的面，这种构成形态具有较强的体积感，能为家具造型设计提供良好的设计基础。

- 补充要点 -

曲线的表情

曲线由于其长度、粗细、形态不同而给人不同的感觉。通常曲线带给人们优雅、愉悦、柔和而富有变化的感觉，也象征着自然界的春风、流水、彩云等。

（1）几何曲线。有理智、明快感。

（2）弧线。有充实饱满感，而椭圆体还有柔软感。

（3）抛物线。有流线型的速度感。

（4）双曲线。有对称、平衡的流动感。

（5）螺旋曲线。有等差、等比两种，最富于美感和趣味的曲线，具有渐变的韵律感。

（6）自由曲线。有奔放、自由、丰富、华丽感。

（a）曲面扶手沙发椅　　　　　（b）圆面椅

图4-10　面的应用

图4-10（a）：曲面扶手椅具有较强的支撑感，能为使用者提供较好的承载功能。

图4-10（b）：圆面造型简洁，将椅子的支撑面简化为简单的几何图形，镶嵌金色框架，表现出清晰明朗的界面。

→实体家具由体块构成实空间，给人以重量、稳固、封闭、围合性强的感受。

全实

上实下虚

←虚体家具由面状形线材围合出虚空间，使人获得通透、轻快、空灵感。

上实下虚

全虚

图4-11　家具中面的构成

图4-11：家具形体有实体和虚体之分，实体和虚体给人在心理上的感受是不同的。在家具设计中，要注意体块实、虚处理给造型带来的变化，多为不同形状立体构成的复合形体。

追求，更多新的家具造型，更能体现人文关怀并蕴涵人文思想。现代家具造型具有前卫性和时代感，更加注重造型的线条构成与结构。

由于现代家具迅猛发展，家具设计开发速度越来越快，家具从设计、开发到投产销售，可能只需要几个月的时间，销售周期达到一年后就可能面临淘汰。只有不断创新和超越，关注家具造型设计的人文思想，关注当代文化背景，将全新的设计理念与大众审美相结合，才能掌握现代家具造型设计方法（图4-12）。

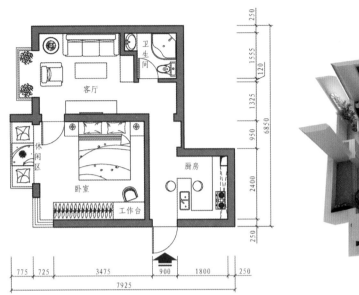

（a）家具布置平面图

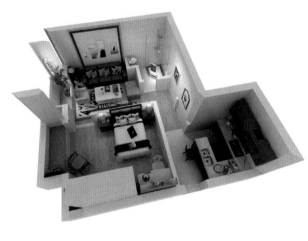

（b）家具布置鸟瞰图

图4-12 家具造型设计与布置

图4-12（a）：现代生活方式转变很快，室内空间可根据人的生活习惯与认知进行设计改造，家具摆放也会随之发生变化。

图4-12（b）：在经过专项设计的空间中摆放成品家具是有一定难度的，应当根据这些成品家具的尺寸、造型来分隔空间，家具造型要顺应墙体结构。厨房餐厅空间多用定制家具，造型与尺寸可以根据墙体与空间结构来设计，这也是当今家具设计的主流形式。

4.3 家具色彩设计

家具的色彩已成为家具设计的重要因素。色彩变化发展的规律是由简单走向复杂，同时又像色环一样循环变化（图4-13）。

4.3.1 色彩基本知识

1. 原色

物体颜色多种多样，大多数都能以红、黄、青三种色彩调配出来。但是这三种颜色却不能用其他的颜色来调配，这三种颜色称为原色。

2. 间色

间色是由两种原色调配而成的颜色，又称为二次色，共有三种，即：红＋黄＝橙，黄＋青＝绿，红＋青＝紫。

3. 复色

复色是指由两种间色或三原色混合而成的颜色，也称为三次色，主要复色有三种，即：橙＋绿＝橙绿，橙＋紫＝橙紫，紫＋绿＝紫绿。

每一种复色中都同时含有红、黄、青三原色，因此，复色是一种原色和不包含这种原色的间色所

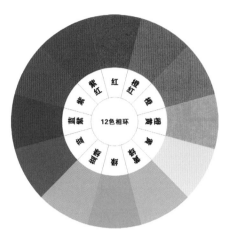

（a）12色相环

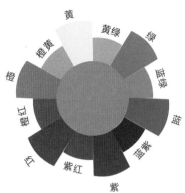

（b）色彩搭配标准体CSS矢量图

图4-13　色环

图4-13（a）：12色色相环中包含了可见光中的主要色彩，是家具概念设计选色、配色的主流。

图4-13（b）：对色彩颜料组合搭配，形成色彩渐变组合，是家具实物设计选色、配色的主流。

调成的。不断改变三原色在复色中的比例，可以调成很多复色。但是复色是多个颜色调和而成，较浑浊（图4-14）。

4. 补色

一种原色与另外两种原色调成的间色互称为补色，也称为对比色。如，红与绿（黄+青），黄与紫（红+青），青与橙（红+黄）。以相环上的红色为例，它不仅与对立面的绿色互为补色，具有明显的对比关系，还与绿色两侧的黄绿和蓝绿构成补色关系，表现出一定的冷暖、明暗对比关系（图4-15）。

4.3.2　色立体

将丰富的色彩按照它们各自特性，按一定规律排列，形成具有立体化的色彩视觉体系（图4-16～图4-18）。

4.3.3　家具设计色彩表达

家具设计可以利用色彩来表达，如选用浅色来表现其整洁性。如北欧简约风格家具设计，色彩素雅，追求宁静美，将材料、色彩进行合理搭配（图4-19～图4-24）。

4.3.4　家具流行色

家具的流行色与人们的心理因素、社会审美思潮、社会的经济状况、消费市场等因素有关。目前主流家具流行色与室内环境空间相匹配，或根据家具色彩来设计空间色彩，其中米色系列与黑白系列是经久不衰的经典配色（图4-25）。

流行色有以下特点：

1. 时代性

不同时代有不同的色彩需求，流行色具有强烈的时代感，目前装修流行黑白灰，家具颜色应与环境相协调（图4-26）。

2. 社会性

流行色一旦流行，便会对全社会范围内的各种产品产生影响。

3. 时间性

流行色在有限的时间内流行，色彩也常常交替变化。

4. 规律性

流行色演变的规律一般为"明色调—暗色调—明色调"，或"冷色调—暖色调—冷色调"，或"本色—彩色—本色"。

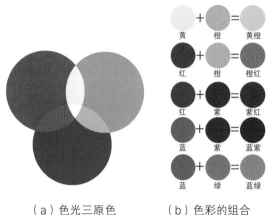

（a）色光三原色　　（b）色彩的组合

图4-14　原色与组合

图4-14（a）：色光三原色的红、绿、蓝相互组合后会叠加成白色，色彩搭配品种越多，色彩明度也就越高，直至变成白色。

图4-14（b）：在色彩颜料中，每两种颜色相组合，得到的颜色明度会普遍更低，纯度更灰，形成更稳重的色彩倾向。

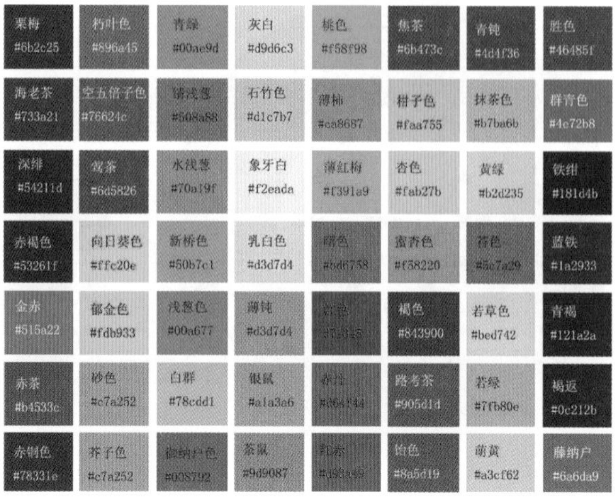

栗梅 #6b2c25	朽叶色 #896a15	青绿 #00ae9d	灰白 #d9d6c3	桃色 #f58f98	焦茶 #6b473c	青钝 #4d4f36	胜色 #46485f
海老茶 #733a21	空五倍子色 #76624c	诸浅葱 #508a88	石竹色 #d1c7b7	薄柿 #ca8687	柑子色 #faa755	抹茶色 #b7ba6b	群青色 #4c72b8
深绯 #54211d	驾茶 #6d5826	水浅葱 #70a19f	象牙白 #f2eada	蒲红梅 #f391a9	杏色 #fab27b	黄绿 #b2d235	铁绀 #181d4b
赤褐色 #53261f	向日葵色 #ffc20e	新桥色 #50b7c1	乳白色 #d3d7d4	明色 #bd6758	蜜香色 #f58220	苔色 #5c7a29	蓝铁 #1a2933
金赤 #515a22	郁金色 #fdb933	浅葱色 #00a677	薄钝 #d3d7d4	云色	褐色 #843900	若草色 #bed742	青褐 #121a2a
赤茶 #b4533c	砂色 #c7a252	白群 #78cdd1	银鼠 #a1a3a6	赤	路考茶 #905d1d	若绿 #7fb80e	褐返 #0c212b
赤铜色 #78331e	芥子色 #c7a252	柳纳户 #008792	茶鼠 #9d9087	红赤	铂色 #8a5d19	萌黄 #a3cf62	藤纳户 #6a6da9

图4-15　补色

图4-15：补色是原色的补充，色彩倾向没有原色那么鲜亮，但是色彩品种会更加丰富，从中能轻松获得适合家具设计的色彩品种。

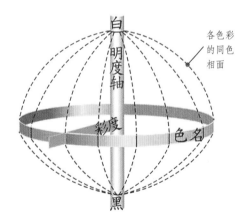

图4-16　色立体的基本结构

图4-16：色彩体系的建立，对于研究色彩的实际应用有着重要价值，它可使人们更清楚、更直观地理解色彩，也能使人更确切地把握色彩的分类和组合。色彩体系是将色彩按照其三属性，有秩序地进行整理、分类并进行系统地呈现。

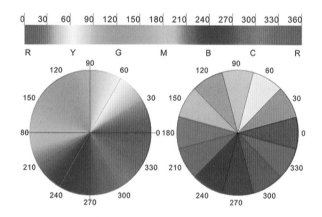

图4-17　色相展示

图4-17：色相的过渡是柔和的，为了方便选取，一般会在30°中选择平均色，360°色相环中共有12种平均色，平均色可以作为家具设计选用的主题色彩。

图4-18　色相环

图4-18：要清晰地划分出10种色相，在色相环上需要均分10个角度，每个为36°，这也是更精准、更直观的选色方式。

图4-19　绿色的装饰清新宁静

图4-19：绿色是代表沉稳、安静的颜色，适合用于卧室的装饰。淡蓝绿色虽较为冷漠，但会给人带来清新的感觉。

图4-20　棕色的柜子让人感觉亲切

图4-20：棕色是土地与木材的颜色，它能够给人安全、亲切的感觉，还能取得舒适、温和的效果。在室内摆放棕色的家具可以更容易使人体会到的感觉，棕色也是地板颜色的理想选择，给人以平稳、沉静的感觉。

图4-21　红色的沙发热情洋溢

图4-21：红色能够带来生气勃勃的感觉，要想使室内变得更加热烈和欢快，可以考虑使用红色的家具装饰，但是长时间处在红色的环境中容易给人造成视觉疲劳。

图4-22　橘黄色的床铺显得活泼

图4-22：橘黄色是一种代表大胆、冒险的颜色，它属于较为鲜亮的颜色，标志着活力、活泼，给人以振奋的感觉。

图4-23　白色的橱柜

图4-23：黑色和白色给人的感觉是严肃、谨慎、整洁，在现代家具设计中黑色和白色运用得较多。单用白色，虽然视觉效果较为清爽，但给人的感觉可能会过于单调。

图4-24　黑白家具组合

图4-24：黑色和白色相互搭配，已成为经典与时尚的标志，这两种颜色组合被誉为永不过时的潮流色彩。

（a）电视背景墙

（b）沙发背景墙

图4-25　客厅家具米色搭配组合（王晓艳）

图4-25：米色属于浅灰色范畴，与白色相结合，具有强烈的鲜灰对比效果，能区分出家具的色彩层次，灰色长沙发提供了背景色，独立的米色单座沙发才是家具的主体，茶几混合了白色、金色、棕色，融合后呈现出丰富的层次。在此搭配中，米色可以被替换为其他色彩，如灰蓝色、灰绿色、灰橙色、粉红色等，均衡搭配组合出良好的色彩效果。

（c）阳台方向

（d）餐厅方向

- 补充要点 -

色彩的消费认知

设计家具色彩要综合考虑各种不同环境下的功能特性，考虑不同消费人群对于不同色彩的喜好。不同消费者的认知决定了家具色彩表达好坏的差异，不同的价值取向、文化差异、气候变化等都能够反映出不同人的心理状态和对社会文化价值观的认知，设计家具要能掌握色彩的表达特性，充分发挥出家具色彩的表达作用。

（a）沙发背景墙

（b）餐厅厨房方向

（c）餐厅餐桌

（d）电视背景墙

图4-26 客厅家具黑白搭配组合（闫雨格）

图4-26：黑色长沙发、黑色圆餐桌、黑色橱柜都是增强对比的重要家具，与白色墙顶面形成鲜明对比，搭配灰色单座沙发与餐椅，让室内空间显得更柔和，层次更丰富。在黑与白的对比下，可以搭配任意高纯度色彩单件家具，给整体空间增添色相对比。

━ 补充要点 ━

家具色彩的设计原则

1. 符合家具功能

家具设计要考虑色彩和功能统一，突出家具性能。合理的色彩设计要结合家具功能综合考虑，通过色彩对人们生理、心理的影响，构建出符合要求的家具造型。

2. 适应环境

色彩设计要充分考虑家具使用环境的整体氛围，它可以起到设立或改变空间格调的作用。家具色彩表达要和整体室内环境的色调相结合，不能单独考虑，色彩设计要与居室整体气氛相统一。

3. 材料质感统一

家具使用材料的固有色、质地、纹理等特性会给人以真切的感受，不同材质有着不同的美感，材料本身能够展示出家具的美感。

4.4　家具设计原则

家具设计应当具有清晰的市场定位，家具作为一种工业产品，必须适应市场需求，遵循市场规律。

4.4.1　满足需求

针对人们不断增长的生活、生产需求，设计

图4-27 环绕形高低橱柜

图4-27：环绕形高低橱柜将橱柜上的各种功能集合在距离最短的空间内，方便烹饪操作时快速运用橱柜、设备的各项功能，提高厨房操作的舒适性。

图4-28 可拆装衣柜

图4-28：采用金属或工程塑料制作框架，组合后外部覆盖面料围合，形成衣柜，形体端庄，可承载较大重量。

图4-29 定制集成衣柜

图4-29：定制集成衣柜的隔板要分配均衡，隔板悬空宽度不宜超过900mm，避免弯曲变形甚至断裂。

者要从使用者的角度出发，从生活方式的变化迹象中预测和推断出需求。

在确定家具尺寸时，要根据人体尺寸、生理与心理特征进行考虑，避免因家具尺寸设计不当带来的低效、疲劳，要使人和家具、环境之间处于最佳状态，使它们之间相互协调，从而提高生活、生产效率。

4.4.2　舒适性

舒适性是高质量生活的需要，设计舒适的家具应对生活进行细致观察和分析。如开放式厨房，把美观实用的餐桌、吧台、冰箱、洗碗机、蒸烤箱等家具设备与厨房空间巧妙地结合，形成开放式烹饪就餐空间，营造温馨、舒适的生活环境（图4-27）。

4.4.3　工艺创造

设计的核心是工艺，工艺是生产制作的必备条件，在保证质量的前提下尽可能提高生产效率，降低制作成本，所有家具零部件生产都应实现装配机械化、自动化。拆装式家具应考虑使用最简单的工具，快速装配出成品家具（图4-28）。

4.4.4　安全性

安全性是家具品质的基本要求，要确保安全，就必须关注材料力学性能、方向和动态特性。例如，木材在横纹理方向的抗拉强度要低于顺纹方向，它处于家具中的受力部位时可能断裂开来。又如，木材具有湿胀干缩的特点，用宽幅面实木板材制作门的芯板，与框架固定胶合后就极易在其含水率上升时，将框架撑散或芯板被框架撕裂（图4-29）。

4.4.5　流行性

家具设计要表现出时代特征，要善于应用流行性原则，抓住流行规律，但不可盲目地追寻流行，要切实分析流行设计元素的使用场合和范围（图4-30）。

（a）客厅家具　　　　　　（b）厨房家具

图4-30　家具设计与流行性

图4-30（a）：现代风格客厅家具流行简约造型，强化灯光照明氛围，弱化家具的装饰细节。

图4-30（b）：厨房家具造型根据厨房常规烹饪方式来设计，主流生活方式就是家具的设计趋向。

4.4.6　可持续利用

家具是采用不同物质材料加工而成，对于一些不可再生或成材时间较长的原材料，要考虑材料的再利用。木材尽量利用速生木材、小径木材为原料，珍贵树种的利用要做到物尽其用，并考虑材料可持续利用。

4.5　家具设计程序

家具设计具有明确的目的性。通过严谨的设计程序，提出解决问题的方案，最终达到设计目的（图4-31）。

4.5.1　设计准备阶段

1. 确立设计目的

明确设计目的并进行分析。

（1）设计对象。是指设计内容与具体要求，设计的家具是什么，如桌子、椅子、柜子、沙发等，需要达到怎样的使用功能。

（2）设计需求。是指家具在使用方面的要求，如是需要较大空间来存放物品，还是只放置小型的装饰物品；是采用折叠式结构还是选用便捷式或移动式等来节约空间。

（3）使用范围。是指家具使用位置或区域，是在家居空间中使用，还是在办公空间中使用。

（4）使用对象。是指使用家具的人群，是学生、职员使用，还是男性、女性、老人、孩子使用。

（5）使用效果。是指人使用家具后的感受，是舒适、方便，还是存在障碍和困难。

2. 收集分析资料

收集资料的途径有很多，一般有以下几种方式。

（1）专业期刊和互联网资料。查阅文献资料，阅读家具设计专业书籍、专业期刊论文或设计年鉴。充分利用互联网资源。

（2）参加家具博览会。国内外大城市每年都要定期举办家具博览会，这是观摩学习家具设计、搜集专业资料的最佳机会，对促进家具设计交流具有深远意义和影响。

（3）家具工厂调研。现代家具生产采取多专业配合，以现代化生产方式完成。应对家具生产工艺流程与家具零部件结构有清晰了解。

（4）家具市场调查。家具市场是学习、调查家具信息的真实环境，能获得第一手家具资料，获得家具的价格、款式、销售信息等（图4-32）。

4.5.2　方案设计阶段

1. 设计构思表达

经过设计分析与资料收集后，家具设计者在脑海中就会形成初步构思，接着开始绘制草图，一个新的创意出现在头脑中，要及时记录下来。通过逐步深化，让头脑中模糊的草图变得清晰（图4-33）。

2. 设计方案成型

成型的设计方案需要绘制三视图与效果图，将家具的形象按照比例绘出，展现家具的形态，以便进一步分析。绘制三视图要明确家具状态，反映主要的结构关系。在家具设计完成后，在三视图的基础上绘制出透视效果图，以此让家具形态更直观、真实（图4-34）。

3. 评估与预算

评估中最重要的环节是预算，能真实反映所设计家具的工艺成本与可行性。下面将以模压板整体橱柜与实木板整体橱柜为例阐述报价单的具体内容（表4-2、表4-3）。

图4-31　办公家具

图4-31：办公家具设计要突出金属与皮革质感，表现出浑然一体的视觉效果。

图4-32　家具卖场样板间

图4-32：家具卖场具有良好的灯光、陈设创意，能快速提升设计者的审美水平。

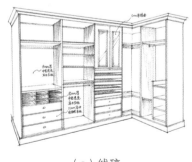

（a）线稿

（b）着色稿

图4-33　家具草图绘制

图4-33（a）：草图就是快速将设计构思记录下来的简单图形，它通常不够完美，但能直观地反映设计者的构想。草图一般是徒手画，用便于修改的工具来操作。一个设计简图需要绘制多张草图，再经过比较推敲，选出较好的方案。

图4-33（b）：草图要对每一个细节进一步研究，经过调整后着色，获得较直观的视觉形象。

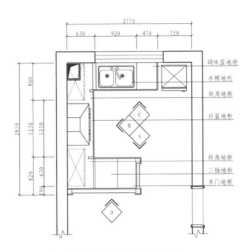

（a）橱柜设计平面布置图

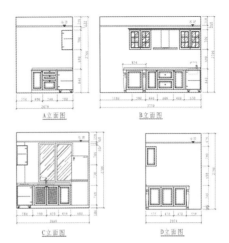

（b）整体橱柜立面图

（c）整体橱柜鸟瞰图

（d）灶台与油烟机细节

（e）网格柜门细节

图4-34　整体橱柜设计方案（刘轩）

图4-34（a）：橱柜平面布置图是整体橱柜设计的基本参考资料，整体橱柜应当根据厨房的形状、面积等综合设计，在计算整体橱柜价格时，需参考设计图纸。

图4-34（b）：橱柜立面图是橱柜预算编制与生产加工的主要依据，需要表现出丰富的构造细节，标注出详细尺寸。

图4-34（c）：整体橱柜鸟瞰图模拟出真实的空间场景，表现橱柜构造的空间构成关系与材质。

图4-34（b）：对灶台与油烟机进行细节展现，表现橱柜设计质感。

图4-34（e）：对网格柜门细节进行特写，反映出柜体与柜门的关系，指出工艺特色。

– 补充要点 –

家具设计构思方法

1. 头脑风暴法

在一定时间范围内，一组人以讨论的形式，发挥创意。每个人都有自由发言的权利。创意数量的增加会带来质量的变化，所有创意都不能丢失。在讨论中所有的创意，都要记录下来，并保留备忘。

2. 缺点列举法

针对家具设计初稿或成品检讨其各种缺点，目的在于探求解决方案与改善对策，通过修正缺点来提升家具设计品质。此法以小组的形式完成，先提出欲改进的事物，再由小组成员列举各项解决方法，组员之间进行互动，产生连锁反应，最后得到改进方案。

表4-2 整体橱柜模压板预算表

一、基本配置

名称	品牌	规格/mm	用料明细	数量	单位	单价/元	总价/元
非标上柜		400×700	模压板	1.6	m	1190×0.88×1.1	1843
下柜		660×580	模压板	4.39	m	1890×0.88	7301
吧台地柜		760×700	模压板	0.84	m	1890×0.88×1.2	1676
台面		宽600	石英石	6.17	m	1360	8391
合计							19211

二、功能件配置

名称	品牌	规格/mm	用料明细	数量	单位	单价/元	总价/元
抽屉滑轨		标配	豪华阻尼抽	3	对	600	1800
扶杆		标配		1	件	90	90
调味篮		450mm柜	线型带阻尼	1	件	530	530
拉碗篮		600mm柜	线型带阻尼	1	件	750	750
装饰板			同门板	2.38	m²	850	2023
烟机罩				1	件	2800	2800
台盆工艺			台下盆	1	件	260	260
燃气管道包管		700×400	石英石	1	组	350	350
吧台支脚				3	件	450	1350
顶线				3.2	m	220	704
网格门				2	扇	400	800
异地加工费				1	项	1000	1000
玻璃门				4	扇	480	1920
合计							14377
总价							33588

表4-3 整体橱柜实木板预算表

一、基本配置

名称	品牌	规格/mm	用料明细	数量	单位	单价/元	总价/元
非标上柜		400×700	实木板	1.6	m	2930×0.88×1.1	4537
下柜		660×580	实木板	4.39	m	3550×0.88	13714
吧台地柜		760×700	实木板	0.84	m	3550×0.88×1.2	2999
台面		600	石英石	6.17	m	1360	8391
合计							29641

续表

二、功能件配置							
名称	品牌	规格/mm	用料明细	数量	单位	单价/元	总价/元
抽屉滑轨		标配	豪华阻尼抽	3	对	600	1800
扶杆		标配		1	件	90	90
调味篮		450mm柜	线型带阻尼	1	件	530	530
拉碗篮		600mm柜	线型带阻尼	1	件	750	750
装饰板			同门板	2.38	m²	1750	4165
烟机罩				1	件	3500	3500
台盆工艺			台下盆	1	件	260	260
煤气包管		700×400	石英石	1	组	350	350
吧台支脚				3	件	450	1350
网格门				2	扇	500	1000
封顶板			实木贴皮	0.384	m²	1350	518.4
异地加工费				1	项	1000	1000
玻璃门				4	扇	480	1920
合计							17233.4
总价							46874.4

本章小结

　　本章介绍了家具设计的内容，从概念造型创意到色彩分配，指出设计原则，详细讲述了家具设计程序，列出多套家具设计方案进行对比分析。对家具设计的具体内容进行细致描述。通过案例，指出设计要求与最终表现形式与目的。对家具设计细节进行深度分析，为后期搭配材料、工艺奠定基础。

课后练习

　　1. 详细描述家具造型的构成。

　　2. 阐述色彩在家具设计中的作用。

　　3. 描述家具色彩在生活中的具体表现。

　　4. 解释色立体和三原色之间的联系。

　　5. 举例说明生活中的家具与色彩之间的联系。

　　6. 详细描述家具设计的具体程序，并结合家具设计的程序，设计一套橱柜方案，绘制草图、三视图、效果图。

　　7. 考察当地家具市场，选择拍摄、记录一件感兴趣的家具，对家具进行重新改造设计，注入中国传统文化元素。

第5章
家具构造设计

识读难度：★★★★★
重点概念：榫卯、燕尾榫、板式、
连接件

◄ 章节导读

中国传统家具多为榫卯构造，结构坚固耐用，力学性能优异，是现代家具生产制造的重要参考。本章主要介绍家具构造设计的方法与逻辑，列出大量榫卯结构供设计参考（图5-1）。

图5-1 中式传统家具

图5-1：中式传统家具中大量采用榫卯结构，将木料加工成相互咬合的造型，形成无缝衔接，具有良好的力学性能，坚固耐用。尤其是承载人体重量的椅子，不易发生松懈，方便维修保养。

5.1 木质家具构造基础

我国木质家具主要有框式和板式两种结构，现代家具构造会将两种结构形式结合起来。

框式结构是中国传统家具的典型结构类型，零部件接合主要为榫接合，辅以胶、钉等其他接合方式。框式结构牢固可靠，形式固定，但是大都不可拆卸。板式结构是现代工业发展进步之下的新型结构，采用预制化成品板材与构件快速组合，形成便捷、高效使用的家具，制作组装完成后的家具可以拆卸重组，灵活多样（图5-2、图5-3）。

5.1.1 传统榫卯构造

中国传统家具造型丰富，构件之间使用的榫卯连接富有逻辑。

1. 家具面板上的榫卯

中国传统家具中的面材一般不使用独板，而使

图5-2　框式床

图5-2：框式床形式轻盈，结构简单，支撑点为榫卯构造，承载力强，但是对木料的质量要求很高。

图5-3　板式床

图5-3：板式床外观方正，围合感强，具有储物等附加功能，板材采用木质人造板，并搭配多种金属配件。

用榫卯连接的攒边做法拼成面材，主要榫卯有龙凤榫和格角榫。拼成的面材主要用于家具的桌面、柜门、座面、柜板等部位。攒边做法主要是为了抵消木材之间的应力，使面材不变形，其次能将木材不美观的断面藏于榫卯之间（图5-4）。

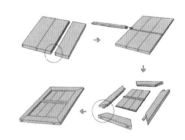

图5-4　攒边做法中的榫卯

2. 梁柱式家具上的榫卯

梁柱式家具的面与腿足连接，一般使用长短榫、夹头榫和插肩榫。梁柱式家具的腿使用长短榫与面直接相接，即腿上部出一长一短两榫头，面下凿一长一短两卯眼，两两相接。长短榫与夹头榫结合使用，形成梁柱式家具的面和腿足的连接方式（图5-5）。

在剑腿案上，腿与牙子以插肩榫连接，再与面以长短榫连接（图5-6）。

3. 束腰式家具上的榫卯

束腰式家具的面和腿足连接，可使用长短榫、抱肩榫和挂榫（图5-7、图5-8），也可使用霸王掌（图5-9）。

4. 四面平家具上的榫卯

四面平家具的面和腿足之间，采用综角榫连接（图5-10）。

5. 家具线材连接使用的榫卯

线材之间的连接，主要有线材的延长连接、T形连接、L形连接、X

图5-4：攒边做法的芯板采用龙凤榫相接的薄板拼成，龙凤榫是指一边薄板出燕尾形榫头，另一边薄板出燕尾形的卯眼，两薄板凹凸相接成宽板。边框由两条长的大边和两条短的抹头组成，大边和抹头之间采用格角榫连接。芯板出边簧与边框相接，再加穿带将薄板和边框连接起来并加固，最终形成攒边做法的面材。

图5-5　梁柱式家具中的长短榫和夹头榫

图5-5：梁柱式家具的腿与牙子的连接使用夹头榫和插肩榫。夹头榫即腿上部凿穿通的卯眼，将牙子夹住，再与家具面以长短榫连接。

图5-6　剑腿案中的长短榫和插肩榫

图5-6：腿上部削出斜肩，牙子亦削出相应的槽口，腿向上夹住牙子，与牙子斜肩相交。然后，腿向上出长短榫与面相接。

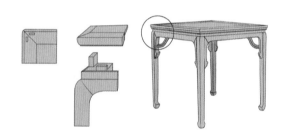

图5-7　束腰式桌上的长短榫

图5-7：束腰式家具的腿上接束腰，腿与面以长短榫连接，即腿上部出一长一短两个榫头，家具面下相应凿一长一短两个卯眼，两两相接，较相同长短的两榫卯相接更稳固。

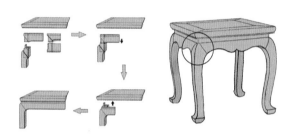

图5-8　束腰式家具中的抱肩榫和挂榫

图5-8：腿上部切出45°斜肩，并凿出三角形的卯眼，相应的牙子亦作45°的斜肩，并凿出三角形的榫头，斜肩和三角形榫卯相扣。腿上部出长短榫与面相接。

图5-9　霸王枨和勾挂榫

图5-9：霸王枨呈S形，上端与桌面下的穿带用销钉连接固定，下端与腿足上部以勾挂榫连接。

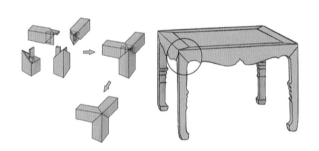

图5-10　四面平家具上的综角榫

图5-10：综角榫是在格角榫的基础之上，连接竖向腿足的榫卯。在格角榫的基础上切出斜肩，与下部腿上部切出的斜肩相接，并在斜肩之上使用长短榫连接，即在腿上部做一长一短两榫头，在格角榫部分凿出一长一短两卯眼。

形连接等。线材的延长连接主要采用楔钉榫（图5-11）。

线材的T形连接，主要有圆材的T形连接、方材的T形连接。

圆材的T形连接根据两圆材直径的不同，处理细节不同（图5-12）。两圆材直径不同时，一种做法是横材两侧都留肩（图5-13），一种做法是横材一侧不留肩，另一侧与竖材交圈（图5-14）。

方材的T形连接，主要有齐头碰和格肩榫（图5-15~图5-17）。

格肩榫与齐头碰的不同之处在于多出格肩部分与竖材连接。

线材的L形连接主要有裹腿枨、斜角榫接和挖眼袋锅做法。裹腿枨是圆包圆家具正侧两横枨相交于腿部使用的榫卯，是受竹家具煨烤弯曲的形状启发而来（图5-18）。

线材的L形连接还出现在南官帽椅的搭脑、扶手与竖材的连接处（图5-19、图5-20）。

线材的X形连接，主要有十字枨、多枨相接等（图5-21、图5-22）。十字枨是机凳、桌案相对的腿足上设横枨，两横枨十字拼接。做法是两横枨相交处各切去一半，然后上下搭合在一起。

这些基本的榫卯结构针对不同家具制作，会根据需要进行适当变体，以满足不同家具的结构需求，选择什么样的榫接结构受木材特性、木工水平以及制作成本等多种因素影响。

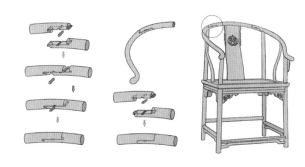

图5-11　圈椅椅圈上的楔钉榫

图5-11：楔钉榫用来连接两段弧形弯材，主要用于圈椅的椅圈、圆形香几的几面和托泥。做法是楔钉榫两弯材头部各截去一半，上下搭合，所留半边各出榫头和卯眼，两相扣合。再在两弯材连接处中部凿方孔，一头略窄，一头略宽，将方形楔钉穿过方孔。

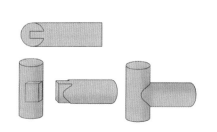

图5-12　直径相同的两圆材T形连接榫卯做法

图5-12：直径相同的两圆材，横材两侧都留肩。

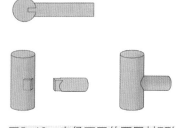

图5-13　直径不同的两圆材T形连接榫卯做法一

图5-13：横材两侧都留肩。

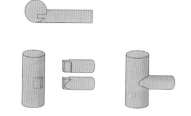

图5-14　直径不同的两圆材T形连接榫卯做法二

图5-14：横材一侧留肩，一侧与竖材交圈。

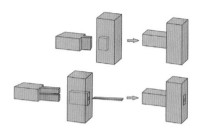

图5-15　齐头碰半榫和透榫的做法

图5-15：齐头碰的做法是横材直接出榫头，与竖向线材的卯眼连接。齐头碰榫卯在方材的T形连接中非常常见，在榫卯细节处理上也有多种变化。

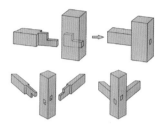

图5-16　齐头碰"大进小出"的做法

图5-16：齐头碰"大进小出"的做法，是针对正侧两横枨交于竖材一点，为减少过多榫眼，保证接榫处的坚固而进行合理避让的处理方法。

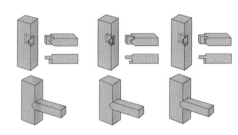

（a）大格肩实肩（b）大格肩虚肩（c）小格肩

图5-17　格肩榫的做法

图5-17：格肩榫又根据格肩的细节不同分为大格肩做法、小格肩做法。

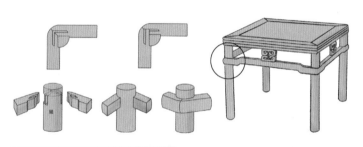

图5-18　圆包圆家具中的裹腿枨

图5-18：正侧两横枨垂直相接，各出榫头插入腿足上的卯眼。两枨子所出榫头或同长相抵，或一长一短相抵。

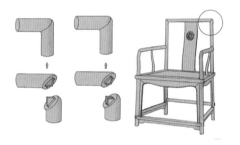

图5-19　南官帽椅上的斜角榫接做法

图5-19：横材与竖材45°角榫接。

图5-20　南官帽椅上的挖烟袋锅做法

图5-20：横材出圆弧转向下方，与竖材榫接，工匠称其为"挖烟袋锅"做法。

图5-21　十字枨的做法

图5-21：横材出圆弧转向下方，与竖材榫接。

图5-22　脸盆架上的三枨相接

图5-22：中国传统脸盆架一般都是六足，相对的腿间设枨，成三枨相交的榫卯。做法与十字枨相似，只是三枨相交处，各枨各保留三分之一的部分，三枨相接。

5.1.2　现代榫卯构造

榫卯是中国传统家具中的典型构造，是两个构件采用凹凸部位相结合的连接方式。

1．榫卯基础

榫卯是由榫和卯两个构造组成，凸出部分为榫，又称榫头。凹进部分为卯，又称榫眼或榫槽。榫卯结构是利用木质纤维的伸缩性将木构件接合在一起，能使两块木料不依靠任何外物（五金件、黏合剂等）就能紧密接合（图5-23～图5-29）。

2．榫卯结合设计

榫卯结构能根据不同木材特性精确把控木材纹理，将木材顺着不同的方向嵌接，木质纤维的收紧与松脱作用力会互相抵消，形成平衡关系（图5-30～图5-34）。

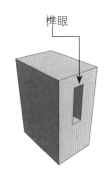 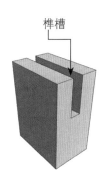 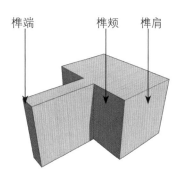

图5-23　榫的接合部位名称

图5-23：榫接合是指榫头嵌入榫眼或榫槽的接合，接合时通常都要施胶，以增加接合强度。

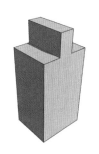    

（a）直角榫　　　　（b）燕尾榫　　　　（c）圆榫　　　　（d）椭圆榫　　　　（e）锯齿榫

图5-24　榫头形状

图5-24：榫头主要有直角榫、燕尾榫、圆榫、椭圆榫、锯齿榫。其中直角榫、燕尾榫、锯齿榫属于整体榫，榫头直接在方材上开出成型；圆榫和椭圆榫属于插入榫，榫头与方材不是一个整体，它是单独加工后再装入方材预制孔中的，主要用于板式家具的定位与接合。

| （a）单榫 | （b）双榫 | （c）多榫 |

图5-25 榫头数目

图5-25：增加榫头数目能增加胶层面积，提高榫接合的强度。木框中的方材接合，多采用单榫和双榫，如桌、椅的框架接合；箱框的接合，多采用多榫，如木箱、抽屉等。

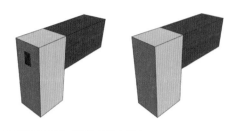

图5-26 贯通榫与不贯通榫

图5-26：贯通榫是榫端露于方材表面，接合强度大；不贯通榫不露榫端，对强度要求稍低。对装饰效果要求高的家具多采用不贯通榫接合，为隐蔽结构；受力大且隐蔽或非透明涂饰的制品可采用贯通榫接合，如沙发框架、床架等。

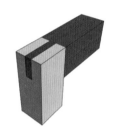    

| （a）开口贯通榫 | （b）半开口贯通榫 | （c）开口不贯通榫 | （d）闭口贯通榫 | （e）闭口不贯通榫 |

图5-27 榫头与榫眼

图5-27：开口贯通榫加工简单，胶接面积大，接合强度高，且能看到榫端和榫头的侧边，影响家具美感；不贯通榫集开口榫和闭口榫的优点，既能增加胶接强度，又能防止在胶液未固化之前榫头扭动；闭口贯通榫接合后榫端外露，接合强度稍低。几种榫接合时，可以灵活组合。

| （a）单肩榫 | （b）双肩榫 | （c）三肩榫 | （d）四肩榫 |

图5-28 榫肩的切割形式（一）

图5-28：榫肩遮挡了榫头与榫眼配合中出现的缝隙，使接合的外形美观。单肩榫主要用于一个面外露或连接件构件较薄的构造；双肩榫用于一个面或两个面需要外露的构造；三肩榫和四肩榫分别用于三个面或四个面外露的构造。

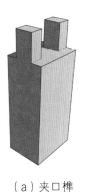 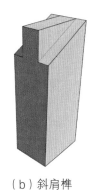

（a）夹口榫　　　　　　（b）斜肩榫

图5-29　榫肩的切割形式（二）

图5-29：夹口榫通用于榫头宽度较大的构造；斜肩榫用于45°斜接的构造

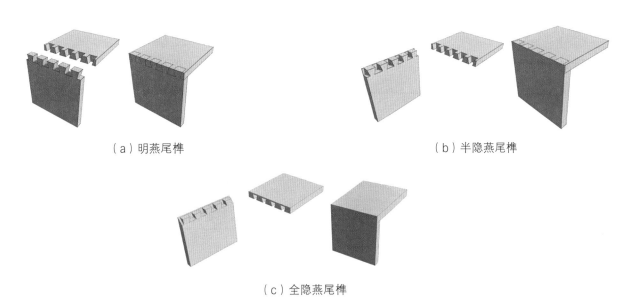

（a）明燕尾榫　　　　　　　　　　　　　　（b）半隐燕尾榫

（c）全隐燕尾榫

图5-30　燕尾榫接合

图5-30：榫头呈梯形或半圆锥形，端部大，根部小，榫颊与榫肩之间夹角为75°～80°。燕尾榫结构牢固，但是加工、装配难度较大，用于箱框类构件。

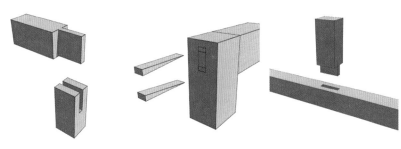

（a）开口贯通直角榫　　　（b）闭口贯通直角榫　　　（c）闭口不贯通直角榫

图5-31　直角榫接合

图5-31：直角榫的榫肩面与榫颊面互相垂直，接合牢固可靠，加工难度较低，用于各种框架接合。

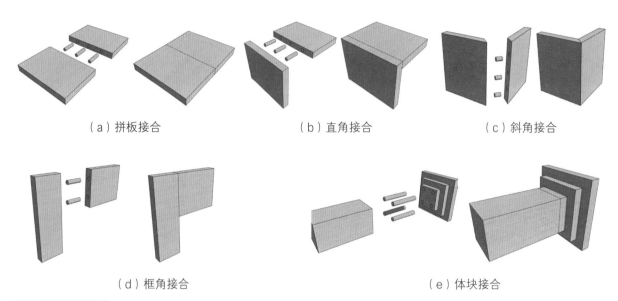

（a）拼板接合　　　　　　　　（b）直角接合　　　　　　　　（c）斜角接合

（d）框角接合　　　　　　　　　　　　（e）体块接合

图5-32　圆榫接合

图5-32：圆榫接合需采用两个以上的圆榫头进行承接，能提高接合强度，防止零件扭动。在两块板材上钻出相匹配的孔，用胶水黏结圆榫，用于板件间的固定接合、定位。

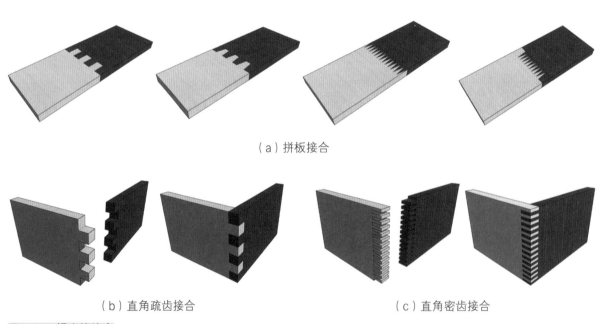

（a）拼板接合

（b）直角疏齿接合　　　　　　　　　　（c）直角密齿接合

图5-33　锯齿榫接合

图5-33：锯齿榫的形状类似于锯齿，齿间涂胶，纵向加压挤紧，侧向轻压防拱。接合强度可达到整料强度的70%～80%，适用于短料接长，如方材及板件接长、曲线零件拼接等。

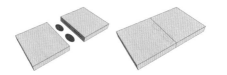  

（a）拼板接合　　　　　　　　（b）直角接合　　　　　　　　（c）框角接合

图5-34　饼榫接合

图5-34：采用加工设备在两块木板上切割出榫槽，将饼状薄木块插入榫槽中，上胶接合。饼榫接合固定效果好，但是不能长期承受压力，适用于接合边对边的板材和斜接角、组装框架等。

5.1.3　集成板式构造

集成板式家具多采用木质人造板，如中密度纤维板、刨花板等，材质不适合采用榫卯结构，仅用金属连接件接合。板式结构是以各种木质人造板为基材，经过机械加工而成，是目前最为常用的家具结构形式，板材利用率高，生产工艺简单，可实现机械化生产，家具易于拆装、贮藏、运输。

1. 板材

板材是承重构件，具有分隔、封闭空间的作用，主要有实芯板材、空芯板材两大类。对板材侧面进行封边处理，防止板材边缘剥落，同时能掩盖内芯料（图5-35）。

封边是将封边材料经涂胶和加压胶贴在板件边缘，是现代板式家具不可缺少的工序，采用封边机或手工封边（图5-36）。

2. 连接件

连接件是利用特制的专用连接构件，将家具零部件装配成部件或产品（图5-37）。

偏心连接件是指连接件在最终的紧固后，构造核心不在连接件的中心部位。偏心连接件种类多样，主要用于旁板和水平板件连接，安装快速、牢固、可多次拆卸，安装后不影响整体美观等。通常三合一连接件由偏心轮、连接杆及预埋螺母组成，其安装牢固、拆装方便、应用较为广泛（图5-38）。

（a）胶合板　　　　　　　　（b）饰面刨花板　　　　　　　　（c）塑木空芯板

图5-35　人造板材

图5-35（a）：胶合板由多层薄板叠加，采用胶黏剂黏合而成，具有一定弯曲能力。

图5-35（b）：饰面刨花板由实心基材和贴面材料两部分组成，板件重量较重，易于加工，便于机械化生产。

图5-35（c）：空芯板材内部为框架结构，框架中间为空芯结构，塑木空芯板由塑胶与木粉融合筑模而成，加工工艺较复杂。

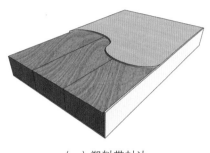
（a）塑料带封边

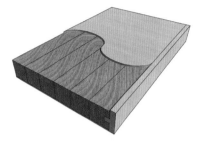
（b）实木条封边

（c）薄木板夹角封边

图5-36　封边构造

图5-36（a）：直接用胶接合，工艺简单可靠，操作方便，可用机械或手工进行封边。

图5-36（b）：板材厚度小于10mm，可直接用胶接合；板材厚度为10～15mm，需用无头圆钉与胶配合封边；板材厚度大于15mm，需采用涂胶的榫槽、圆榫或穿条封边。

图5-36（c）：夹角封边法不仅要求薄木的纹理清晰、漂亮，而且封边薄木端头不能外露。

图5-37　不可拆连接件接合

图5-37（a）：圆榫接合的强度不高，但较节省木料、易加工，主要采用硬阔叶树材。圆榫应保持干燥，含水率应比家具用材低2%～3%；直径有6mm、8mm、10mm、12mm；长度为直径的5～6倍，以30～60mm居多。圆榫表面常压有贮胶沟纹，可提高接合强度。

图5-37（b）：钉接合强度较低，用来连接非承重结构或受力不大的承重结构，马口钉是最常见的家具气钉，紧固度高。

（a）圆榫

（b）气钉

（a）三合一连接件分解　　（b）三合一连接件应用

图5-38　三合一连接件

图5-38：三合一连接件的应用前提是要在板材上钻孔，需要大型钻孔车床加工，很少用于手工木家具制作。

三合一连接件多孔制作时，应根据规格尺寸控制钻孔深度。膨胀塞刚好插入木板B内，木板B表面平整。木榫孔深度为13～15mm，木榫孔与连接杆的孔径保持一致。连接件各孔位置应精确计算。偏心轮孔的中心线与连接杆孔的中心线要对齐，不能错位。偏心轮孔深度要结合木板厚度和偏心轮高度设定。使用三合一连接件将两块板件连接在一起，具体操作步骤如图5-39。

成品连接件种类繁多，根据家具功能选配（图5-40）。

32mm系统是一种世界通用的家具结构形式与制造体系。32mm系统以旁板设计为核心。家具中的顶板、底板、层板、抽屉道轨都必须与旁板接合，旁板上的孔主要有结构孔（家具框架连接孔）、系统孔（搁板、抽屉、门板等零部件的装配孔），这些都应当在32mm方格网点内（图5-41）。

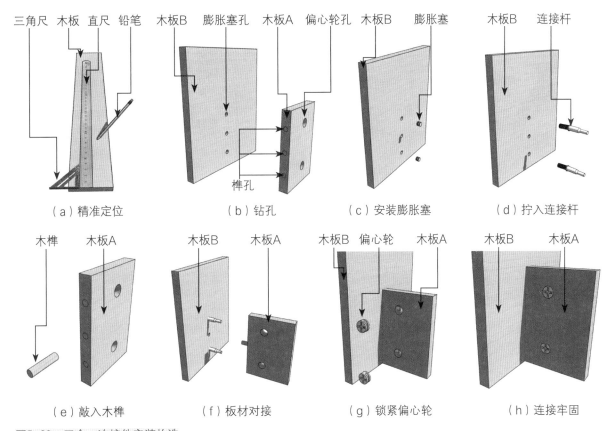

（a）精准定位　　　（b）钻孔　　　（c）安装膨胀塞　　　（d）拧入连接杆

（e）敲入木榫　　　（f）板材对接　　　（g）锁紧偏心轮　　　（h）连接牢固

图5-39　三合一连接件安装构造

图5-39（a）：用尺测量定位，分别确定膨胀塞孔（木板B平面）、连接杆孔（木板A侧面）、偏心轮孔（木板A平面）、木榫孔（木板B平面和木板A侧面）的位置。

图5-39（b）：在木板A侧面依次钻出连接杆和木榫孔眼，平面上钻出偏心轮孔眼；在木板B平面上钻出膨胀塞和木榫孔眼。

图5-39（c）：在木板B的膨胀塞孔上，用锤子依次敲入膨胀塞。

图5-39（d）：将连接杆有螺纹的一边拧入膨胀塞（木板B）内。

图5-39（e）：在木板A的侧面木榫孔内，用锤子敲入木榫。

图5-39（f）：将木板B平面与木板A侧面贴紧在一起，此时连接杆插入木板A的侧孔内。

图5-39（g）：将偏心轮插入木板A的平面孔眼内，其缺口对准连接杆，并用螺丝刀将偏心轮顺时针旋转90°锁紧。

图5-39（h）：木板A与木板B之间连接牢固，安装完成。二合一连接件与四合一连接件的安装方法与三合一连接件相似。

（a）铰链

（b）抽屉滑轨

（c）滑动门轨

（d）翻斗转轴支架

（e）层板销

（f）挂衣座

（g）锁具

图5-40　常用家具成品连接件

图5-40（a）：铰链是板式家具活动部件柜门的连接件，由铰杯、铰壁、底座三部分组成，分为直弯、中弯、大弯三种，适用于全盖门、半盖门、不盖门。

图5-40（b）：抽屉滑轨是32mm系统的标准件，轨道安装孔间距均为32mm或32mm的整倍数。

图5-40（c）：移门能够通过门轨和滑轮实现家具柜门的自由启闭。

图5-40（d）：翻斗转轴支架用于翻斗鞋柜，采用金属、塑料、木质材料制成，方便柜门平翻顺畅。

图5-40（e）：层板销有多种样式、规格，强度高、承重大，主要用来支撑柜内层板。

图5-40（f）：挂衣座与挂衣杆配合使用，可顶装或侧装，承重稳固，适合多种木质衣柜。

图5-40（g）：锁具主要用于门和抽屉等部件固定，保证存放物品的安全。

图5-41　32mm系统中的结构孔与系统孔

图5-41：采用铰链安装的平开外盖门，前轴线到旁板前沿的距离为37（28）mm；采用内嵌门或抽屉，距离为37（28）mm＋门厚。通用系统孔孔径为5mm，孔深为13mm；当系统孔用作结构孔时，其孔径根据选用的配件要求而定，多为5mm、8mm、10mm、15mm、25mm等。

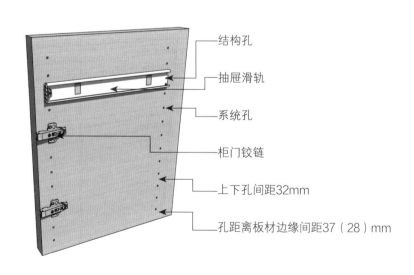

结构孔

抽屉滑轨

系统孔

柜门铰链

上下孔间距32mm

孔距离板材边缘间距37（28）mm

5.2 综合搭配构造

5.2.1 实木拼板结构

实木拼板是将窄木板拼合成宽幅面板材，每块窄板宽度不超过200mm，且树种、材质和含水率应一致，常用于各类家具的门板、台面及椅凳座板等实木部件中（图5-42）。

5.2.2 箱框结构

箱框结构是由板材构成的框架结构。箱框至少由3块或3块以上的木板构成，中间可设有中隔板。如果箱框承重较大，可以采用整体多榫接合，其接合有箱框直角接合（图5-43）、箱框斜角接合（图5-44）、箱框搁板接合方式（图5-45）。

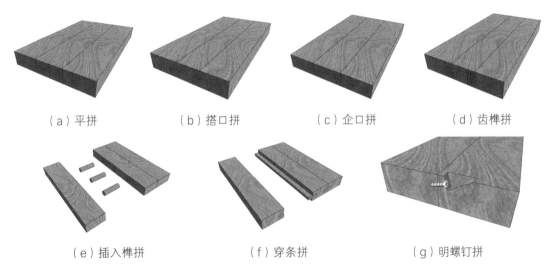

（a）平拼　　　　（b）搭口拼　　　　（c）企口拼　　　　（d）齿榫拼

（e）插入榫拼　　　　（f）穿条拼　　　　（g）明螺钉拼

图5-42　实木平板结构

图5-42（a）：将被接合表面刨平后涂胶结合，工艺简单，不开槽不打眼，用材经济，接缝严密，但是接合强度较低，胶接时不易对齐，板面易产生凹凸不平的现象。

图5-42（b）：将被接合面刨削成阶梯形榫槽后涂胶结合，接合强度高，表面平整度也较好，但是材料消耗量比平拼多5%。

图5-42（c）：将拼接面刨削成直角形榫槽后涂胶结合，接合强度和表面平整度更高，拼缝封闭性好。

图5-42（d）：将拼接面加工成齿榫后涂胶结合，接合强度比榫槽高，拼板表面平整度与拼缝密封性都好。

图5-42（e）：将被接合面刨平后，在板材侧面中心线上加工出若干个圆孔，涂胶接合，能提高接合强度，进而节约木材原料。

图5-42（f）：将被接合面加工出平直光滑的直角槽，采用木条与胶接合，接合强度高，加工简单，节约木材。

图5-42（g）：在拼板的背面与另一拼板的拼接面钻孔，在两块拼板侧面涂胶对齐，用螺钉加固，这种方式接合强度高，能节约木材，但会破坏拼板背面结构。

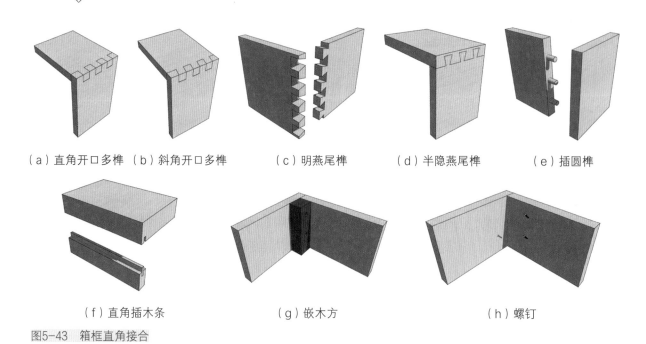

（a）直角开口多榫　（b）斜角开口多榫　　　（c）明燕尾榫　　　　（d）半隐燕尾榫　　　（e）插圆榫

（f）直角插木条　　　　　　（g）嵌木方　　　　　　　（h）螺钉

图5-43　箱框直角接合

图5-43：箱框接合以整体多榫强度为高，其中明燕尾榫强度最高，用于箱盒四角接合，如抽屉后角接合等。

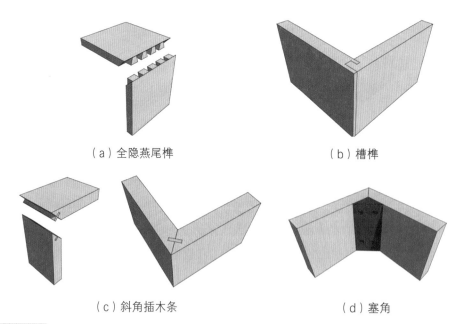

（a）全隐燕尾榫　　　　　　　　　　　（b）槽榫

（c）斜角插木条　　　　　　　　　（d）塞角

图5-44　箱框斜角接合

图5-44：全隐燕尾榫的接合强度相对较低，但是外表美观，多用于箱子、包脚结构。槽榫的板材底端易崩裂，强度较低，适用于硬阔叶材箱框接合。

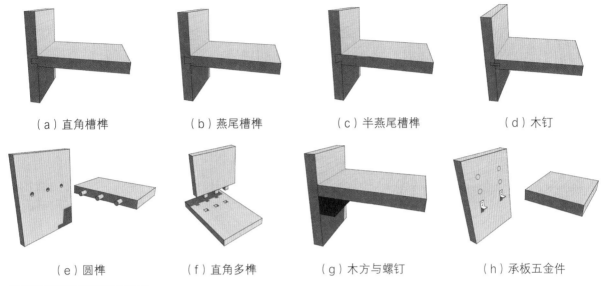

（a）直角槽榫　　　（b）燕尾槽榫　　　（c）半燕尾槽榫　　　（d）木钉

（e）圆榫　　　　（f）直角多榫　　　（g）木方与螺钉　　　（h）承板五金件

图5-45　箱框搁板接合方式

图5-45：如果搁板为拼板件，可用直角多榫跟旁板接合。如果搁板为其他板式部件，宜于用圆榫。槽榫接合可以在箱框构成后再插入中板，装配较方便，但对旁板有较大削弱作用。

本章小结

　　本章介绍了家具设计构造，通过三维分解图指出家具构造设计的细节，从传统榫卯构造开始，介绍各种榫卯构造形式与特征，重点讲解榫卯结合设计方法。此外，还介绍了集成板式构造，理清板材与连接件之间的关系，最终将榫卯构造与集成板式构造综合搭配，提出现代家具构造的解决方案。

课后练习

1. 详细描述榫卯的特征。

2. 详细描述木制家具榫卯接合的形式。

3. 在A4幅面纸上抄绘本章5.1.1节中榫卯结合设计中的插图线稿。

4. 观察生活中采用三合一连接件安装组合的家具特征。

5. 根据本章5.2.2箱框结构的内容设计一张单人床，详细绘制直角结合细节。

6. 寻找并考察一件50年前的旧家具，查看构造特征，并在保持原有造型的基础上，重新设计这件家具。

第6章

家具材料
识别与选用

识读难度：★★☆☆☆
重点概念：木料、五金件、涂料、施工

◁ **章节导读**

家具主要选用木质材料加工而成，搭配金属、塑料材料，综合多种材料性能才能满足家具的使用功能要求。本章主要列出多种常用实木板、木质人造板，详细讲述木材的成材时间、产地、特性等，方便家具设计者参照。此外，本章还对家具制作中用到的五金件配件、黏合剂、涂料等辅助材料进行介绍，引导设计者正确选择家具材料从事设计生产（图6-1）。

图6-1　榉木床边柜与黑胡桃储物柜

图6-1：不同材质的木制家具有不同的使用感受。榉木颜色偏黄或微红，纹路相对较平淡，榉木家具给人细腻的质感、自然原始的气息以及扑面而来的清新感；黑胡桃木呈浅褐色稍带紫色，纹理自然细密，整个黑胡桃家具表现出安静、沉稳的质感。

6.1　木料的选用

木材来自树木，从树木到家具，木材的颜色、密度、纹理、加工特性等都会发生变化。

6.1.1　木料品种

木材的种类很多，主要分为软木料和硬木料两类。软木料主要是指松木、杉木、杨木等，木质松软、纹理顺直、不易膨缩、变形较小、易加工，但强度有限。软木料主要用于建筑、装修，如修缮用料、框架材料、家装材料等。

硬木料主要是指胡桃木、樱桃木、柚木、桃花心木、黄花梨、鸡翅木、酸枝木、橡木、枫木等，产自落叶树，质地致密坚实、含油量高，颜色、纹理美观。硬木料主要用于家具制作（表6-1、表6-2）。

表6-1 中国常用木材一览

树种	图例	产地	特征	用途
紫檀木		印度南都	色深紫或黑紫，常带浅色和紫黑条纹，部分有牛毛纹，木性稳定，质地坚硬细致，适合雕刻	高级家具、文房、饰材
黄花梨木		中国海南，越南	黄色或金黄色，也有颜色较深至红褐色或深咖啡色，质地坚硬，有微香。纹理交错，有麦穗纹，活节处常有纹理狰狞的"鬼脸纹"	高级家具、文房、饰材
酸枝木		东南亚	酸枝一般由黑酸枝、红酸枝和白酸枝三种，颜色从浅黄至深褐色，带深色条纹，材色不均匀，有酸醋味。木质有光泽且含油，纹理斜而交错，密度高，坚硬耐磨	高级家具、饰品、饰材
鸡翅木		中国南方、非洲、东南亚	黑褐色或栗褐，有深浅相间纹理，表面有鸡翅花纹，故得名。木质致密，木丝有时容易翘裂起茬	高级家具、饰品、饰材
铁梨木		中国两广地区	色黄或紫黑色，木性坚硬沉重，纹理粗长，表面粗糙，容易起戗茬，不容易打磨光滑	高级家具、饰材
花梨木		东南亚	浅黄至暗红褐色，可见深色条纹，纹理交错，结构细而匀且有光泽，耐磨、耐久性能佳，强度高	高级家具、饰品、饰材
楠木		中国四川、云南、广西、湖北、湖南等地	黄偏绿色，色淡雅，略有清香气味。纹理流畅，木质细腻光滑，有书香文人之气。部分有金丝，阳光下灿若云锦，被称作"金丝楠"	家具、建筑、内饰
水曲柳		中国东北、华北地区，日本、俄罗斯、北美洲	木材弦切面花纹美观、切面光滑、色差小、韧性好，干燥困难，易翘曲	装饰板材，家具、楼梯踏板、扶手
榆木		亚洲	木质坚硬，纹理清晰，条纹清晰，刨面光滑，弦面花纹美丽。木质坚实厚重，木性稳定	家具、建筑、内饰装修
榉木		亚洲	色黄褐、红褐色，肌理细腻，饰面效果极佳，多呈宝塔纹，亦有少数呈鸡翅纹。木质坚硬，耐磨损，加工、涂饰性较好	装饰材料，家具、门窗制作
松木		中国东北、欧洲、北美洲	色泽天然，木纹清晰、通直，木质轻软，强度、弹性及透气性能好，性价比高	建筑装饰结构材料、地板、儿童家具
杉木		中国长江流域、秦岭以南地区	质地轻软，加工方便，具有一定强度	家具内部隔板，门窗辅料加工

表6-2 国外常用木材一览

树种	图例	产地	特征	用途
黑胡桃木		北美洲	纹理高档、稳重，木质坚硬、细腻，稳定性好，抗热能力强，不易变形、腐蚀、开裂，价格较高	家具、橱柜、高级细木工产品、门、地板等
红胡桃木		中非、西非	纹理细腻、色差小，强度高，握钉力强，抗腐蚀性、韧性及弯曲性能较好，且易加工	高级家具、乐器
樱桃木		欧洲、日本、美国	直木纹，纹理清晰、细腻、有光泽，干燥时收缩大，干燥后稳定	拼花地板、实木家具、橱柜等
桃花心木		南美洲、热带地区	纹理交错呈波纹状，木质坚硬，尺寸稳定，可塑性好，耐腐蚀性强	高级家具、高级薄木贴面用材
柚木		中国、印尼、泰国、缅甸等	木质紧实，触感细腻、油滑，表面富有光泽，木材结构稳定，抗风化性和耐腐性很强，不易变形、腐蚀或开裂	高级家具、地板
橡木		亚洲、欧洲、北美洲	木质坚硬，孔隙大，纹理直或斜纹，韧性、耐腐蚀性和耐用性较好，使用寿命长	高级家具、门窗、地板、装修板材
橡胶木		中国南方、东南亚	纹理美观，干缩小，木质较轻软，易霉变、虫蛀、腐朽，价格较低	家具、地板及木芯板等
白蜡木		俄罗斯、北美洲、欧洲部分地区	木纹通直，肌理粗糙，花纹面积大且绚丽，木质重硬、触感柔和，且韧性强度高，抗冲击性和耐腐蚀性强，不易变形	高级家具
桦木		美国东部和北部、日本	木纹清晰，结构均匀，手感舒适，木质光滑细腻，硬度高且耐磨，抛光性能好，韧性、弯曲强度、抗压强度较好	家具支撑结构、内部框架
柳桉木		缅甸、印度、印度尼西亚、菲律宾	木纹较粗，表面有光泽，颜色从浅色到深色，木质软硬适中，加工方便	门窗、家具
枫木		中国长江流域及以南地区、美国东部	木质紧密、纹理均匀、花纹美丽、光泽良好、抛光性佳	高级家具

6.1.2　木材的形态特征

木材的横切面和径切面上木材颜色有深有浅。有的树种靠近髓芯部分，材色较深，水分较少，称为芯材；靠近树皮部分，材色较浅，水分较多，称为边材。有的树种树干中心部分与外围部分材色无区别，但含水量不同，中心水分较少的部分可称为熟材。

家具制作多选择将边材和芯材混在同一块木板中，以获得更好的颜色对比，也可以使用单一材质，来统一家具色调（图6-2、表6-4）。

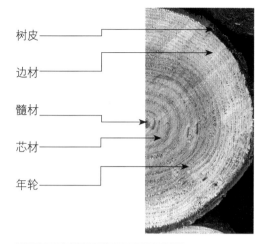

图6-2　木材的横切面结构示意图

－ 补充要点 －

红木

红木并不是指某一特定树种，而是对暖色稀有硬木的统称。红木的确定范围为紫檀属、黄檀属、柿属、崖豆属和决明属等五属的芯材，此外，未列入这5种的其他树种芯材，如果密度、结构、材色也符合上述树种的特征，也可称为红木。红木必须同时具备以下条件。

1. 五属八类

五属是指紫檀属、黄檀属、柿属、崖豆属和决明属；八类是指紫檀木类、花梨木类、香枝木类、黑酸枝木类、红酸枝木类、乌木类、条纹乌木类和鸡翅木类（表6-3）。

2. 结构

木材结构细腻，平均导管弦向直径规定数值为：紫檀木类不大于160μm；花梨木类、黑酸枝木类、红酸枝木类、鸡翅木类皆不大于200μm；乌木类、条纹乌木类皆不大于150μm。

3. 密度

木材含水率为12％时，每类气干密度为：紫檀木类大于1.05g/cm³；花梨木类不小于0.76g/cm³；黑酸枝木类、红酸枝木类、乌木类、条纹乌木类皆不小于0.85g/cm³；鸡翅木类不小于0.85g/cm³。

表6-3　红木五属八类树种延伸一览

科目		五属	八类
豆科	蝶形花亚科	紫檀属	紫檀木类
			花梨木类
		黄檀属	香枝木类
			黑酸枝木类
			红酸枝木类
		崖豆属	鸡翅木类
	苏木亚科	决明属	
柿树科		柿属	乌木类
			条纹乌木类

表6-4　　　　　　　　　　　　　　12种常见木材形态特征

序号	树种	木材形态图	序号	树种	木材形态图
1	北美黑胡桃木	纵切面　芯材　边材	7	橡胶木	纵切面　芯材　边材
2	桃花心木	纵切面　芯材　边材	8	乌金木	纵切面　芯材　边材
3	白蜡木	纵切面　芯材　边材	9	红松	纵切面　芯材　边材
4	奥古曼	纵切面　芯材　边材	10	水曲柳	纵切面　芯材　边材
5	刺猬紫檀	纵切面　芯材　边材	11	桦木	纵切面　芯材　边材
6	核桃木	纵切面　芯材　边材	12	榉木	纵切面　芯材　边材

6.2　木质人造板

目前，高质量胶水不断研发推广，大多数木材被加工为木质人造板。木质人造板大多由多张薄板层叠而成，且相邻两块薄板的纹理方向彼此垂直，不易开裂，整体性能稳定。木质人造板是现代家具制作的理想板材。木质人造板主要分为实木人造板与合成人造板。

6.2.1　实木人造板

实木人造板中主要为实木形体，采用胶水将实木体块、薄板黏合起来，胶水含量较少（图6-3）。

6.2.2　合成人造板

合成人造板将木材与其他纤维材料合成后，经过成型或组坯、热（冷）压制成。合成人造板保留了木材原有的强度、隔音、保温、易加工等优点，克服了实木人造板的各向异性、幅面小、天然缺陷等问题（图6-4）。

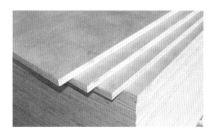

（a）胶合板　　　　　　　　　（b）细木工板　　　　　　　　　（c）指接板

图6-3　实木人造板

图6-3（a）：由三层或三层以上薄木单板相邻层按纤维方向垂直排列后黏合而成，板材厚度小，强度、硬度较高，握钉力较好，板面收缩率小，可避免开裂翘曲，是目前手工制作家具最常用的材料。

图6-3（b）：由木块组成板芯，上下两面各胶压一层单板而成。板材会受板芯材质的影响，板芯主要树种为杨木、桦木、松木、泡桐等，板材质地坚硬，加工简便，但不耐潮湿，避免用于厨卫家具。

图6-3（c）：由小规格板材接长、拼宽、层积而成。有天然木材的材质感，外表美观，不易开裂，主要用于柜类旁板、隔板、顶底板等大幅面部件，也可以用于制作抽屉侧板、底板等小幅面部件，但是不适合制作柜门等面板，容易变形。

（a）刨花板　　　　　　　　　（b）纤维板　　　　　　　　　（c）欧松板

图6-4　合成人造板

图6-4（a）：将木材加工剩余物料加工成刨花，施加胶水后热压而成。价格低、加工性能好，但握钉力较差，采用三合一等紧固件，不宜多次拆卸，广泛用于家具的生产制造。

图6-4（b）：将木材或植物纤维处理后，掺入黏合剂与防水剂，经高温高压成型。板面光滑平整、质地细密、边缘牢固，但耐潮性较差，握钉力差，主要用于成品家具制作、门板和强化木地板等。

图6-4（c）：以阔叶树材的小径木为主要原料，加工成几何形状的刨片，施加胶水后热压而成。板材防潮性能优异，易加工，握钉力强，主要用于室内装饰、家具制作，制作门窗套、衣柜门或雕刻、镂洗造型等。

– 补充要点 –

成品板材裁切规格

成品板材尺寸多为1220mm×2440mm，厚度有3mm、5mm、6mm、9mm、12mm、15mm、16mm、18mm、25mm等。实木板、胶合板、装饰面板、细木工板、密度板、刨花板、纤维板等都是这些规格。成品板材在使用前需要进行裁切，基础裁切尺寸如图6-5所示。

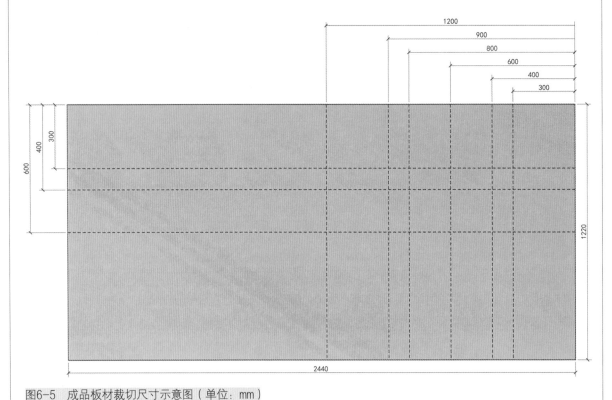

图6-5 成品板材裁切尺寸示意图（单位：mm）

6.3 五金件

家具的质量和档次主要体现在五金配件上。家具使用不便，在很大程度上是因为家具的五金配件选用不当或缺失，五金配件在家具中的重要性极高。

6.3.1 钉子

钉子是家具中重要的五金连接件，钉子通过挤压与木质材料发生紧密结合，最终起到固定的作用。

钉子的长度应当是被钉工件厚度的2.5～3倍。

1. 普通木工钉

普通木工钉的种类繁多，在传统家具工艺中，常见的有铁钉、钢钉等普通钉子，可根据使用材料及目的来选择（图6-6）。

2. 枪钉

随着气动工具的普及，现在有了各种气枪配套使用的枪钉，如直钉、钢排钉、码钉等（图6-7）。

3. 螺丝钉

螺丝钉用于木材与木材之间的固定连接。不同环境与不同木材，所采用的螺丝钉也不同（图6-8）。

6.3.2 铰链与拉手

1. 铰链

铰链又称为合页，在家具制作中主要用于各类柜门的固定安装，如橱柜门、衣柜门等。铰链分为直弯（直臂、全盖，如图6-9所示）、中弯（曲臂、半盖，如图6-10所示）、大弯（大曲、内藏、不盖，如图6-11所示）。

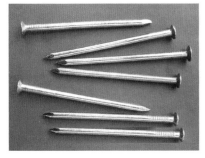  

（a）普通圆钉（铁钉）　　　　　　（b）钢钉　　　　　　　　　（c）麻花钉

图6-6　普通木工钉

图6-6（a）：用于木工施工结构、粗制木工部件。

图6-6（b）：采用优质碳钢制造，设计独特，结构合理，外观精致，适用于轻质木龙骨连接。

图6-6（c）：钉身如麻花状，头部扁圆，为十字或一字头，着钉力强，适用于抽屉等需要强钉力的部位。

（a）直钉　　　　　　　　　　（b）钢排钉　　　　　　　　　（c）码钉

图6-7　枪钉

图6-7（a）：与普通铁钉相近，具体型号描述为F加上长度，如F30是指30mm长的直钉，主要用于家具板材钉接。

图6-7（b）：比直钉要粗壮，具体型号描述为ST加上长度，如ST30是指30mm长的钢排钉，用于家具、木箱等厚重构造。

图6-7（c）：与钉书钉相似，型号一般带有J、K、N、P字头，用于家具薄板与软装织物皮革固定等。

（a）盘头螺丝钉　　　　　　（b）沉头螺丝钉

图6-8　螺丝钉

图6-8（a）：盘头螺丝钉的端头外凸，紧固后盘头凸出于板材表面，安装、拆卸过程中附着力好。

图6-8（b）：螺纹较深，是家具制作使用的主要螺丝钉，常用于成品木质家具安装，部分硬质木材需要预先钻孔，再钉入沉头螺丝钉，避免板料开裂。

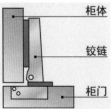
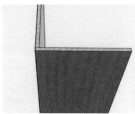

（a）实物图　　　（b）安装构造图　　　（c）构造示意图

图6-9　直弯铰链

图6-9：直弯铰链主要用于柜体靠边的柜门，柜门安装后能完全遮挡住柜体垂直板材。

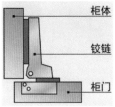
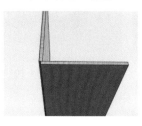

（a）实物图　　　（b）安装构造图　　　（c）构造示意图

图6-10　中弯铰链

图6-10：中弯铰链主要用于柜体中央的柜门，柜门安装后能遮挡住一半柜体垂直板材。

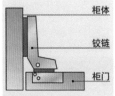
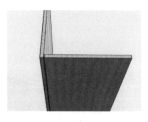

（a）实物图　　　（b）安装构造图　　　（c）构造示意图

图6-11　大弯铰链

图6-11：大弯铰链主要用于柜体内部柜门，柜门安装后，柜门表面与柜体垂直板材表面平行。

装铰链的侧板内空深度应大于70mm，铰链安装后调节方法简单，可根据实际情况调整柜门的位置（图6-12～图6-14）。

2. 拉手

拉手是柜式家具中不可或缺的设计。选配时应注意家具的款式、功能和整体风格，尽量选择相匹配的拉手（图6-15）。

6.3.3　滑轨与滑轮

1. 抽屉滑轨

抽屉滑轨是指固定在轨道上，供抽屉等构件

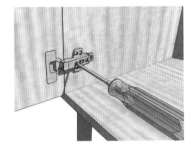

（a）调节之前的问题　　　（b）实物图

图6-12　左右调节

图6-12：顺时针拧螺丝，柜门向左覆盖移动；逆时针拧螺丝，柜门向右覆盖移动。

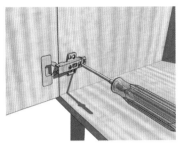

（a）调节之前的问题　　　（b）实物图

图6-13　纵深调节

图6-13：顺时针拧螺丝，柜门与柜体的间距减小；逆时针拧螺丝，柜门与柜体的间距增加。

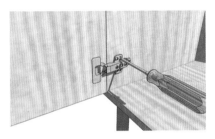

（a）调节之前的问题　　　　　　　（b）实物图

图6-14　上下调节

图6-14：通过可调高度的铰链底座，可以精确调整柜门上下高度。

图6-15　款式多样的家具拉手

图6-15：选择家具拉手应当综合考虑家具选用的材质、表面处理方式、样式、风格等几方面因素。最常见的拉手材质有全铜、锌合金、铝合金、不锈钢、塑料、陶瓷、树脂等；表面处理方式一般有镀锌、镀亮铬、镀珍珠铬、亚光铬、麻面黑、黑色烤漆等；样式通常有单孔圆式、单条式、双头式、暗藏式等；拉手风格主要有现代简约风、中式仿古风、欧式田园风、北欧风等。

抽拉运动的导轨。长度有10in*、12in、14in、16in、18in、20in、22in、24in等，可以根据抽屉安装长度来选择（图6-16）。

　2. 滑轮

　滑轮是带有轮子的金属零件。家具底部安装滑轮可以任意移动家具的位置，推拉柜门上安装滑轮可以左右滑动衣柜门，应当根据柜门或家具的体量选择滑轮的尺寸（图6-17）。

---

* 常规的抽屉滑轨尺寸以英制中的英寸（in）计量单位，1in=2.54cm。

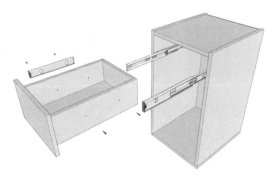

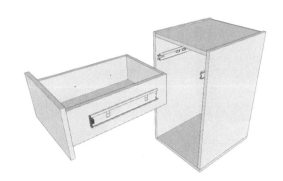

（a）安装抽屉上的滑轨   （b）对接滑轨插入抽屉

图6-16　抽屉滑轨安装

图6-16（a）：首先，将抽屉的底板与四块侧板组装好，抽屉面板带卡槽或安装孔的地方是固定拉手用的。然后，按下滑轨中内轨道上的卡扣，并抽出内轨道，此时，内轨道（窄）与外轨道（宽）是分开的。接着，使用铅笔做好标记，用螺丝钉将两副外轨道（宽）固定在抽屉两侧的面板上，需要注意保持左右内轨道平行对齐。最后，将内轨道（窄）固定到柜体内壁板材上，同样也要保持对齐、平行。

图6-16（b）：托起抽屉，将抽屉上的外轨道（宽）对准柜体上的内轨道（窄），滑入到柜底即可。

（a）柜体滑轮   （b）轻型柜门滑轮   （c）中型柜门滑轮

图6-17　滑轮

图6-17（a）：玻璃纤维滑轮的韧性、耐磨性较好，滑动顺畅，经久耐用。玻璃纤维柜体滑轮适用于家具底部，能让固定家具移动。

图6-17（b）：塑料滑轮质地坚硬，价格便宜，但容易碎裂，使用时间一长会发涩，适用于柜门厚度小于10mm的轻型柜门。

图6-17（c）：适用于整体衣柜推拉门的滑轮具有一定抗压强度，柜门厚度可达22mm。

6.3.4　锁具

　　家具锁是置于可启闭的家具构造上，如抽屉、柜门等，用来关住家具内部收纳空间（图6-18）。

6.3.5　角码

　　角码由不锈钢、铝合金等材质制作，用来增加家具接榫处或转角处的强度，有加强接合功能（图6-19）。

（a）转舌锁　　　（b）方舌锁　　　（c）斜舌锁　　　（d）密码转舌锁　　　（e）扣搭锁

图6-18　家具锁

图6-18：锁具的样式较多，适用于各类储物柜、抽屉、衣柜、电视柜等家具。转舌锁的结构比较简单，安装也简便，价格低廉；方舌锁是一种比较普遍的抽屉锁，装于抽屉正中间，只能锁住一个抽屉；斜舌锁关闭时，将抽屉推入即可锁住，使用方便；密码转舌锁无需钥匙，只需拨动转盘对应的密码即可开启锁扣。扣搭锁由挂锁扣和锁头组成，旋转90°即可上锁。

（a）L形（窄边）（b）L形（宽边、圆角）（c）L形（宽边）　　（d）I字形　　　（e）7字形　　　（f）T字形

图6-19　形状各异的角码

图6-19：角码的形状有T字形、I字形、L形、双面以及三面T形等，不同的款式适合不同的场景使用，使用螺丝钉固定安装。

6.4 黏合剂

黏合剂又称为胶黏剂、黏结剂、胶水，其品种繁多，形态不一，用于家具的黏合剂主要包括以下几种。

6.4.1 白乳胶

白乳胶在木质家具中应用最广、用量最大，成膜性好，黏结强度高，固化速度快，不含有机溶剂，价格低廉。

白乳胶主要用于木质材料之间的黏合，对多孔材料如木材、纸张、棉布、皮革等材料有很强的黏结力，初始黏度较高，固化后胶膜有一定韧性，使用起来较为方便，以水为分散介质，不燃烧，安全无公害，能室温固化，且固化速度快，便于加工处理，选择白乳胶时注意其甲醛含量要小于100mg/kg（图6-20）。

6.4.2 氯丁胶

氯丁胶又称为万能胶，是实用性很强的胶黏剂，可室温固化、初黏力很大、黏结强度较高，用途极广泛。氯丁胶主要用于木质材料与塑料、金属、橡胶、皮革、织物等材料之间的黏合（图6-21）。

6.4.3　免钉胶

免钉胶是一种黏合力极强的多功能强力胶，可替代玻璃胶、氯丁胶等多种胶。免钉胶主要用于木质材料之间，或木质材料与其他塑料、金属、橡胶、皮革、织物等材料之间的黏结。免钉胶可黏结的范围广泛，黏结速度快，贮藏周期长，但不具备防水，不能长期暴露于高温或潮湿的环境中。干固后十分坚硬，只能用刮削或打磨的方式去除（图6-22）。

6.4.4　硅酮结构胶

硅酮结构胶是一种坚韧的橡胶固体胶，主要用于木质材料与玻璃、混凝土、水泥界面之间黏结，黏结力强、拉伸强度大，具有良好的耐候性、抗震性、防潮性（图6-23）。

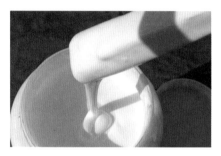

图6-20　白乳胶

图6-20：白乳胶可常温固化、固化速度较快、黏结强度较高，黏结层具有较好的韧性和耐久性且不易老化。常温下为乳白色黏稠液体，可加少量水稀释。

（a）氯丁胶包装　　（b）氯丁胶质地

图6-21　氯丁胶

图6-21（a）：氯丁胶用途广泛，对金属和非金属材料都有较好的黏合性，尤其适用不同材料之间相互黏结，但是有一定毒性和污染性。

图6-21（b）：常温下为深乳黄色流动性液体，具有优异的综合性能，成膜性能较好。

（a）免钉胶包装　　（b）免钉胶质地

图6-22　免钉胶

图6-22（a）：免钉胶固化速度较快，综合性能好，主要通过吸收空气中的水分而固化。

图6-22（b）：免钉胶质地黏稠，呈浅米黄色，使用时快速黏合，避免暴露在空气中快速固化。

（a）硅酮结构胶包装　　（b）硅酮结构胶质地

图6-23　硅酮结构胶

图6-23（a）：硅酮结构胶外部为软包装，配合打胶器使用，适用面广。

图6-23（b）：硅酮结构胶质地柔软、黏稠，有金、黑、棕、银等多种色彩。

- 补充要点 -

去除木料表面干固的胶水

胶水在木料表面干结后，可以通过机械去除，即直接刮掉或打磨掉，如环氧树脂、聚氨酯、塑料树脂黏合剂；还可以采用溶剂去除，如接触型黏合剂、氰基丙烯酸酯黏合剂、热熔胶等黏合剂等可以使用丙酮溶解。

6.5 涂料

涂料是涂覆在家具物件表面，形成附着牢固且具有一定强度和连续性的固态薄膜材料。使家具具有防腐蚀、防机械损伤、抑制金属锈蚀的功能，能延长家具使用寿命。家具涂刷涂料后还能得到绚丽多彩的外观。

6.5.1 油性涂料

油性涂料是以干性油为主要成膜物质的涂料，所用油脂主要为桐油、亚麻油等，易于生产、价格低廉、涂刷性好、涂膜柔韧，渗透性好，但干燥慢、涂膜物化性能较差（图6-24）。

6.5.2 水性涂料

水性涂料是以水作为稀释剂的涂料。水性漆价格较高，属于环保型涂料，其附着力较好，常温干燥迅速，并具有优良的防腐、耐候、防开裂性能，尤其适合大面积涂刷（图6-25）。

6.5.3 木器涂料涂刷

水性木器涂料色彩丰富，且环保性好，不发

（a）硝基漆　　　　　　（b）聚酯漆

图6-24　油性涂料

图6-24（a）：硝基漆具有干燥快、光泽柔和等优点，但其高湿天气易泛白、丰满度低、硬度低。硝基清漆分为高光、半哑光和哑光三种。

图6-24（b）：聚酯漆是用聚酯树脂为主要成膜物制成的厚质漆，漆膜丰满，层厚面硬，颜色浅，透明度好，光泽度高。但是聚酯漆柔韧性差，受力时容易脆裂，一旦漆膜受损不易恢复。同时调配比例要求严格，且需要随配随用。

黄。水性木器涂料是主流，用水稀释，使用方便，特别适合各种木质家具。

1. 透明水性木器涂料施工

透明水性木器涂料主要用于木质构造、家具表面涂饰，能起到封闭木质纤维，保护木质表面，光亮美观的作用。

（1）清理涂饰基层表面，铲除多余木质纤维，

（a）聚氨酯水性漆　　（b）丙烯酸水性漆

图6-25　水性涂料

图6-25（a）：聚氨酯水性漆综合性能优越，丰满度高，漆膜硬度可达到1.5~2H*，耐磨性能超过油性漆，使用寿命、色彩调配等方面都有明显优势，为水性漆中的高级产品。

图6-25（b）：丙烯酸水性漆附着力好，不会加深木器的颜色，但耐磨性和抗化学性能较差，漆膜硬度较软，为HB，成本较低。

图6-26　基层处理

图6-26：木质构造制作完毕后应当采用砂纸打磨转角部位，去除木质纤维毛刺。

使用0#砂纸打磨木质构造表面与转角（图6-26）。

（2）根据设计要求与木质构造的纹理色彩对成品腻子粉调色，修补钉头凹陷部位，待干后用240#砂纸打磨平整（图6-27）。

（3）整体涂刷第一遍涂料，待干后复补腻子，采用360#砂纸打磨平整，整体涂刷第二遍涂料，采用600#砂纸打磨平整（图6-28）。

（4）在使用频率高的木质构造表面涂刷第三遍涂料，待晒干后打蜡、擦亮、养护（图6-29）。

2．有色水性木器涂料施工

有色水性木器涂料主要用于涂刷未贴饰面板的木质构造家具表面，或根据设计要求需将木纹完全遮盖的木质构造表面。常用的有色水性木器涂料是聚酯涂料与醇酸涂料，涂刷后表面平整，干燥速度快，施工工艺具有代表性。

（1）清理涂饰基层表面，铲除多余木质纤维，使用0#砂纸打磨木质构造表面与转角，在节疤处涂刷虫胶漆。对涂刷构造的基层表面作第一遍满刮腻子，修补钉头凹陷部位，待干后采用240#砂纸打磨平整（图6-30）。

－ 补充要点 －

填补木材表面气孔

粗纹理的木材在做完表面处理后，木材表面的气孔容易显露出来，尤其是在有光线反射的情况下，如桃木、橡木。这些气孔要么是被填补平整，要么是涂刷很多层涂料，并磨平表面来填充，然后才能进行表面处理工作（图6-34）。

图6-34　腻子填补法

图6-34：腻子是颗粒细小的糊剂或粉末，能调配成与木材相匹配的颜色。在木质家具刷涂料前，将腻子调和成糊状直接填充木材表面气孔，也可以用来修复木质家具表面的裂缝或钉眼，使表面看起来平整光洁。

---

*　漆膜硬度标准GB/T 6739-2006规定硬度等级包括：H、HB、B、2B、3B、4B、5B，即以不同硬度的铅笔在漆膜表面划痕。

图6-27 修补腻子

图6-27：将同色成品腻子填补至气排钉端头部位，将表面刮平整。

图6-28 涂刷清漆

图6-28：采用砂纸打磨后刷涂涂料，施工时应当顺着木质纹理刷涂。

图6-29 清漆涂刷完毕

图6-29：涂料涂刷完毕后需要注意养护，一定要家具等完全干燥后再涂饰周边的其他涂料。

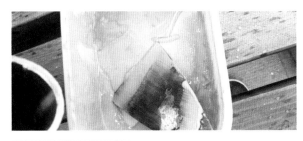

图6-30 调配腻子颜色

图6-30：采用成品腻子将涂饰界面满刮平整，腻子应当遮盖基层材料的色彩。

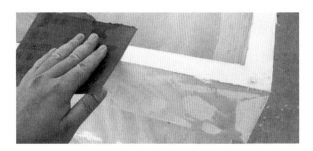

图6-31 砂纸打磨

图6-31：在腻子中添加颜料来调色，使腻子的颜色与混漆的颜色相近。

（2）涂刷干性油后，满刮第二遍腻子，采用240#砂纸打磨平整（图6-31）。

（3）涂刷第一遍有色水性木器涂料，待干后复补腻子，采用360#砂纸打磨平整，涂刷第二遍涂料，采用360#砂纸打磨平整（图6-32）。

（4）在使用频率高的木质构造表面涂刷第三遍涂料，待干后打蜡、擦亮、养护（图6-33）。

6.5.4 染色剂

染色剂可以给木料表面添加颜色，丰富家具的视觉效果层次，消除不同木质板材中的色差，甚至可以将廉价木料染成昂贵木料的色泽效果。染色剂主要有色素和染料两种。色素可以掺入涂料或黏合剂中使用，染料则独立使用或掺入稀释剂使用（图6-35）。

6.5.5 蜡

蜡覆盖在其他涂料层上表面，作为抛光剂使用，能增强木质材料表面的美观性，能填补涂料中的缝隙、划痕，也可以用来翻新修补旧家具。大多数膏状蜡为石蜡、棕榈蜡、蜂蜡（图6-36），与配套的溶剂混合变软后使用。

蜡的硬化时间越长就越难被擦除。如果为较大木质家具表面涂蜡，可选择溶剂挥发速率较慢的蜡制品（图6-37）。

图6-32　使用一般毛刷涂刷

图6-32：一般毛刷宽度为80~120mm，适用于中等
面积涂刷。

图6-33　小号毛刷涂刷

图6-33：对于局部构造，应当采用小号毛刷施工，
并顺着结构方向涂刷。

（a）色素

（b）染料

图6-35　染色剂

图6-35（a）：色素是经过精细研磨的天然或人造粉末，在木料表面涂抹，色素被擦除后，就会部分附着在木料
凹陷处形成染色效果，就无法看到木料本身的纹理。

图6-35（b）：成品染料大多为粉末状，需要搭配溶解剂使用。

（a）石蜡

（b）棕榈蜡

（c）蜂蜡

图6-36　蜡

图6-36（a）：由石油中分离，熔点约为58℃，较软，光泽度稍差。

图6-36（b）：由棕榈树的叶片上刮取，熔点约为85℃，硬度非常高，形成的处理表面光泽度也好，单独使用
很难抛光，产品中多混合石蜡。

图6-36（c）：蜂蜡是从蜂巢中提取，熔点为66℃，硬度、光泽度中等，表面处理或抛光非常简单。

（a）抹布蘸蜡 　　　　　　　（b）擦拭 　　　　　　　（c）平扫

图6-37　涂蜡技术

图6-37（a）：蜡为凝固状态，使用布料蘸取，以便上蜡。

图6-37（b）：在木材表面以擦拭的方式进行涂装工作，注意涂层不能过厚，薄薄一层即可。

图6-37（c）：待木材纹路清晰并晾干后，再用抹布平扫完成。

本章小结

　　本章介绍了家具材料种类与特性，对木质材料知识进行了全面、深度解析，指出原木与木质人造板的应用方向。此外，还介绍了五金件、黏合剂、涂料等家具设计制作的必备材料，涵盖了现代家具选材、配材的知识点。熟练掌握材料的特性，灵活选用材料是家具制作的基础。

课后练习

1. 常用的家具木料品种有哪些？怎样正确选择实木家具的材料？

2. 实木人造板与合成人造板有哪些异同？该怎样选择？

3. 在A4幅面纸上抄绘本章图6-5，深刻记忆成品板材裁切方式。

4. 铰链有哪些种类？彼此间的区别有哪些？

5. 滑轮有哪些种类？分别用在哪些家具上？

6. 自定尺寸，设计一件大衣柜，绘制三视图，列出所需的材料清单。

识读难度：★ ★ ★ ★ ★
重点概念：榫卯、燕尾榫、板式、
连接件

◢ 章节导读

本章主要介绍家具制作的操作方法，精通家具工具的使用技巧，能让制作变得更轻松。同时

要保护好自己，避免造成不可弥补的伤害。在掌握基础工具的相关知识后，可以开始设计制作部分家具（图7-1）。

图7-1　家具制作工具

图7-1：工欲善其事，必先利其器。想做出尽善尽美的家具作品，选择合适的工具尤为重要，使用恰当的工具能让家具制作更加得心应手，提升制作过程中的成就感和愉悦感。

7.1　传统手工工具

家具工具分为传统手工工具、手持电动工具、台式电动工具。传统手工工具更适用于制作小型木艺，可以创造出无限丰富的形式。

7.1.1　锯

手工锯可以将木材锯割成各种形状，或是达到木构件需要的尺寸。手工锯的核心是锯齿，不同锯

的齿形各不相同。手工锯的功能依靠锯齿设计来完成。锯齿密度越大，切面越精细，但操作起来也越费劲和耗时。

1. 手工锯的种类

通常手工锯锯条采用碳素工具钢制成，刚性和热处理较好；机械圆锯片选用合金工具钢制成，符合圆锯片工作的特性；带锯条由铬钨锰合金钢制成，其刚性和硬度适中（图7-2）。

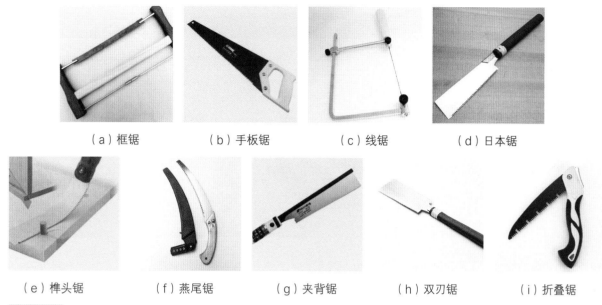

（a）框锯	（b）手板锯	（c）线锯	（d）日本锯
（e）榫头锯	（f）燕尾锯	（g）夹背锯	（h）双刃锯	（i）折叠锯

图7-2　锯

图7-2（a）：框锯是最传统的家具锯，操作起来相对其他锯要更困难。

图7-2（b）：手板锯长而灵活，锯齿一般较大，锯切时不易偏位，适合初步的锯切。常用于切割相对大块的木板和面板，或用于横切木头。

图7-2（c）：线锯锯片细窄，容易使锯路弯曲。安装时注意锯齿应往拉的方向装，不然会损坏锯条。线锯适用于切割一些复杂的部件，可以切割曲线，或在板材内部切出一个形状，如燕尾榫或弧形部件。如果加工部件要求更细致，则可换成更细的锯条。

图7-2（d）：日本锯锯齿的每个面都打磨得非常锋利，加工的切割面更加整洁和细腻，在制作精细部件时，使用日本锯会更精细。

图7-2（e）：榫头锯的锯片相对比较软，适合锯切各种榫头及凸起的木材。

图7-2（f）：燕尾锯又称为鸡翅锯，锯齿更小更短更锐利，锯齿下部更锋利高效，切口整齐又精确。

图7-2（g）：夹背锯锯齿比手板锯小且密，截面效果较好，但耗时，锯背上有金属件，能使其在锯木时保持稳定，也因此限制了切割深度，适用于切割榫头。

图7-2（h）：双刃锯的双面都有锯齿，一面用于横向锯切，另一面用于竖向锯切，只要一件锯子就能完成多种线条的锯切，特别适合用来锯切各种角度与线条。

图7-2（i）：折叠锯外观美观、小巧，锯齿锋利，折叠锁扣设计可以隐藏锯片，日常携带或收纳都很方便。

2. 锯的裁切操作

手工锯根据锯齿形状主要分为横截锯和纵切锯两种。对木材垂直纹路方向切割时，使用横截锯；将木材竖向切断时，可以使用纵切锯（图7-4）。

7.1.2　刨子

刨子是中国传统家具制作的主要工具之一，用于木料的粗刨、细刨、净料、净光、起线、刨槽、刨圆等方面的制作。刨子由刨刃和刨床两部分构

— 补充要点 —

多功能斜锯柜

大多刚入门的家具新手，无论怎样锯切都很难完全按照墨线痕迹来完成。对木板锯切要求不严格时，可以使用多功能斜锯柜（图7-3）。

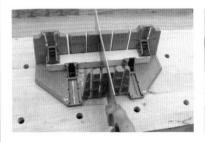
（a）90°锯切

（b）45°锯切

（c）成品木框

图7-3 多功能斜锯柜

图7-3：将木材放到锯盒内，根据对应的锯槽可以快速地完成22.5°、45°、90°等多种角度锯切。

（a）划线

（b）划痕

（c）对准

（d）裁切

图7-4 锯的裁切操作

图7-4（a）：使用曲尺在需要切割的部位划线。

图7-4（b）：用美工刀在墨线上浅浅地划出线痕，注意不要划弯曲了，划痕后再使用锯子裁切，切线就不易弯曲。

图7-4（c）：眼睛看着切割线，将锯子放到划线处对齐，用另一只手抵住锯子一侧固定。

图7-4（d）：压住木头以保证稳定，开始锯时动作要慢要稳，身体保持平衡的姿势，保持前后推拉直至切割完毕。

成。刨刃由金属锻制而成，兼顾锋利和耐磨性，木工刨刀常用的钢材为碳钢（65Mn、T12等）、高速钢（W18Cr4V、W6Mo5Cr4V2等）、合金钢（Cr12MoV、9CrSi等）。刨床采用硬度大、不变形的硬杂木制作而成，现代以柞木为佳，红榉木最为常见。

1. 刨子的种类

常用的刨子有中式刨、日式刨和欧式刨，在外形与使用特性上有一定区别（图7-5）。

中式刨的长短并无限定，可根据材料、使用者习惯与加工件而定。刨床越长，所刨的木料表面就越平整（图7-6）。

2. 刨子的刨削操作

刨刃在不断地切削木料的过程中，如果木质硬或表面杂物多，刃口则会变钝。因此，在挑选刃片

（a）中式刨

（b）日式刨

（c）欧式刨

图7-5　中外刨子

图7-5（a）：传统中式刨的刨体为硬木，使用与调整需要有丰富的经验，上手难度较大。

图7-5（b）：日式刨与欧式刨、中式刨用力方向完全相反，且没把手，使用时用双手握住刨身，并前后拉动。

图7-5（c）：多为铸铁刨体，把手用手掌可推可按，坚固耐用，配有刨刀深度及横向调节系统，使用与调整简单。

（a）手工台刨

（b）槽口刨

（c）刮刨

（d）鸟刨

图7-6　中式刨

图7-6（a）：手工台刨的刨刃为45°，而刨刃高于45°的刨子用于刨削硬木，低于45°的刨子用于刨削端面纹理。手工台刨有不同规格的长刨、中刨、短刨、小刨，越长的刨子所刨出的面越平，短刨则操作灵活。

图7-6（b）：槽口刨的刨刃宽度与刨体相同，这种设计能使槽口刨全面触及凹槽或肩槽的平面。一些槽口刨还会配有两个护栏，用于控制凹槽的宽度和深度，并通过调节刨刃位置来调整凹槽的终止点，主要用于制作、清理和调整凹槽。

图7-6（c）：刮刨的刨刃设置为稍向前倾斜，主要用于处理粗糙、硬质木材表面。使用时，横向于纹理移动，以快速刨平粗糙的木板表面。

图7-6（d）：鸟刨的底部短小，把手位于两侧，适用于各类木料模型的修边，如刨削曲面或倒角。

时应兼顾耐用和易磨两方面指标（图7-7）。

木料达到最好的刨削效果在于刨子的准备调节工作。可以通过调整凹槽架的螺丝，控制刨子开口大小。大开口用于刨削粗纹理，小开口用于刨削细纹理。此外，通过旋转刨子背部的转轮，调节刨刃的高低，达到控制刨花厚度的目的。调节凹槽架后面的水平调整杆，能确保刨刃与刨底部的面呈平行状态（图7-8）。

3. 精磨刨刃

刨刃使用久了，需要研磨。对于缺陷较多的刨刃，通常可先用粗磨石磨，再用细磨石磨。一般刨刃仅用细磨石或中细磨石研磨即可。

（1）打磨刨刃。手工打磨时间不低于5min（图7-9）。

（2）组装刨子。刨刃与刨体要衔接紧密，不能存在任何松动（图7-10）。

（3）调整刀口。刨刃刀口突出刨底高度约为1.5~2mm（图7-11）。

7.1.3 凿子

凿子灵活的凿、削能力注定了它可以有多种用法，常用凿子进行凿眼、挖空、剔槽、铲削等制作，尤其是在做手工切割和接合处匹配时非常有用。

1. 凿子的种类

在使用凿子时，根据需要配合锤子或单独使用，使用时要多留意木纹方向（图7-12）。

2. 凿切榫眼

榫眼和榫头接合是结实且持久的结合方式。制作榫眼和榫头时，可以使用手工工具或机械，也可以结合使用这两种工具。这里主要采用手工工具来完成（图7-13）。

3. 切割榫头

榫头要能和与其对应的榫眼很好地搭配起来。组装时会有明显的摩擦阻碍，但不会太费力（图7-14）。

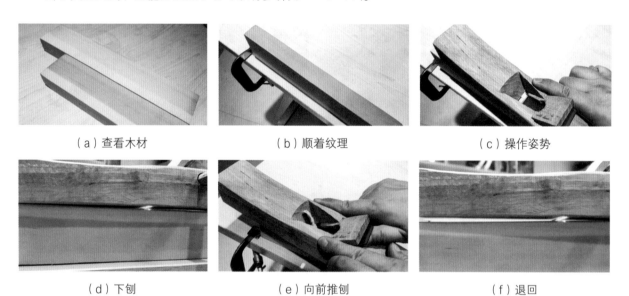

（a）查看木材　　　　　　（b）顺着纹理　　　　　　（c）操作姿势

（d）下刨　　　　　　（e）向前推刨　　　　　　（f）退回

图7-7　刨子的刨削操作

图7-7（a）：刨料前，查看所刨的面是里材还是外材，一般里材较外材要更洁净，纹理更清楚。

图7-7（b）：芯材应顺着树根到树梢的方向刨削，外材顺着纹理方向刨削会比较省力。

图7-7（c）：左右手的食指伸出向前压住刨身，拇指压住刨刃的后部，其余各指及手掌紧捏手柄。刨身放平，两手用力均匀。

图7-7（d）：下刨时，刨底紧贴在木料表面，开始不要将刨头翘起，刨到端头时不要使刨头低下。否则木料中间会凸出。

图7-7（e）：向前推刨时，两手需加大力量，两个食指略加压力，推至前端时，压力逐渐减小，至不用压力为止。

图7-7（f）：退回时，用手将刨身后部略微提起，以免刃口在木料面上拖磨，容易使刨刃变钝。

（a）矫正底部　　　　　　（b）检查垂直度

图7-8　刨子矫正

图7-8（a）：用尺置于刨底平面上，检查刨底是否平整。如果表面有稍许的凹陷是可接受的，但不能有明显的凹凸缺陷。

图7-8（b）：使用直角尺检查刨底与刨体是否垂直。

（a）油性润滑液　　　　　　（b）打磨

图7-9　打磨刨刃

图7-9（a）：在2000#磨刀石上，使用油性润滑液润滑磨刀石。

图7-9（b）：将刨刃刃背朝下横向平放，并在磨刀石上前后推磨，直至磨掉之前工作时留下的毛边。磨刀角度为30°，磨刀时保持刨刃刃面的角度和平整，在打磨过程中可以根据需要不断更换磨石至4000#～8000#。

（a）刨刃插入刨体　　　　（b）组装压盖　　　　（c）锤击固定

图7-10　组装刨子

图7-10（a）：将刨刃插入刨体，并确定位于凹槽架上后方的水平调整杆处于中心位置。

图7-10（b）：压盖的前端应与刨刃对齐，避免在刨削木材时抖动或颤抖，同时能够保持刃面的角度。

图7-10（c）：用锤子敲击压盖使之固定。

（a）检查刨刃　　　　（b）放置平整观察　　　　（c）试刨

图7-11　调整刀口

图7-11（a）：将刨子垂直从上方直视，转动刨刃深度调整轮，直到可以在上方看到刨刃与刨底齐平。

图7-11（b）：从侧面观察刨刃与刨底面的平行状态，转动深度调节轮，将刨刃调出刨底。

图7-11（c）：将初步调试好的刨子放于木料上，并不断移动，将刨刃逐步调出，直到出现刨花。

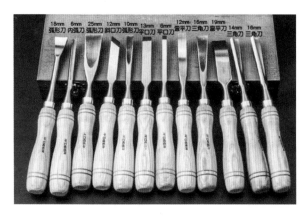

图7-12 凿子套装

图7-12：凿子的形态十分丰富。弧形刀的凿身粗，柄短有箍，常用于凿半圆形孔眼；斜口刀主要用于修整木料的死角或结合面，倾斜方向有分左右，斜刃凿能够更轻易地触死角，适用于倒棱或剔槽；平口刀又称为板凿，凿刃平整，且有宽有窄，在10～30mm之间。弯平刀的刀刃更细更长，使用起来更顺手，主要用来修整平底面或移除小木屑。宽平凿用于剔槽或切削，窄平凿用于凿榫眼。三角刀的凿刃和凿柄都比较粗大，可以承受反复的木槌敲击，主要用于凿榫眼。

（a）确定尺寸位置

（b）侧面竖直摆放

（c）距离设置

（d）敲击凿刃

（e）钻大孔

（f）钻边孔

（g）修凿

（h）钻孔修边

图7-13 凿切榫眼

图7-13（a）：固定木板，使两者呈90°直角，在两块木板的正面做好标记，确定连接面。

图7-13（b）：从木板的侧面末端开始，使用尺测量榫眼宽度，并做好记号。

图7-13（c）：在测量出的榫眼宽度线与两端之间划出厚度线。

图7-13（d）：将凿刃放在离线约1～2mm处，凿刃斜面向外，锤子击凿刃进入木料内，剔出斜槽。

图7-13（e）：用电钻与较大钻头在线内钻孔，快速去除内部木料。

图7-13（f）：用电钻与较小钻头在线边角钻孔，确定开孔周边轮廓终端。

图7-13（g）：修凿孔洞壁面，确保外围的木纤维已经被彻底切断，保持切面平整。

图7-13（h）：用电钻与较小钻头在线边缘上修整，确保边缘是方正平直的形态。

（a）测量截面尺寸

（b）测量侧面尺寸

（c）纵向切割

（d）横向切割

（e）修整锯切　　　　（f）插接测试

 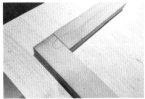

（g）锤击固定　　　　（h）完成

图7-14　切割榫头

图7-14（a）：用角尺测量出榫头截面尺寸并划线标记。

图7-14（b）：用角尺测量出榫头侧面尺寸并划线标记。

图7-14（c）：根据划线纵向切割榫头。

图7-14（d）：根据划线横向切割榫头。

图7-14（e）：将木料平放后仔细修整边角轮廓。

图7-14（f）：将加工完毕的木料榫头进行插接测试，如有误差进一步修整。

图7-14（g）：用锤子将测试完毕后的木料固定。

图7-14（h）：完成后的榫结构应当细致紧密。

7.1.4　量具

家具制作常用的测量工具种类较多，要掌握使用要领，正确运用才行。

1. 常见测量工具
不易使用木直尺，因为木直尺的刻度线太宽，准确度不高（图7-15）。

2. 角尺
角尺应当选用精度高的品牌产品，购买时需要精挑细选（图7-16）。

7.1.5　划线工具

划线追求精确度，采用不同划线工具划出的线条宽度和模式存在一定的差别，这也会直接影响到家具制作的准确性。

1. 刻度标记
划线工具，要保证准确度与位置，划线工具在

（a）直尺　　　　　（b）卷尺　　　　　（c）电子游标卡尺

图7-15　测量工具

图7-15（a）：直尺的用途包括划直线、检验木板平整度、装配机器等，由金属、木头或塑料制成的，应当选择不反光材质的，这样读数更准确。

图7-15（b）：卷尺用来测量较长的部件，为测量更精确，通常会用100mm的位置对齐起点，再开始测量，读数减去初始长度，可以得出较精准的数值。

图7-15（c）：电子游标卡尺两侧分别有两个卡口，一侧用来测量外径，另一侧用来测量内径，尾端可测量深度。

（a）角尺　　　　　（b）活动直角尺　　　　（c）三角尺　　　　　（d）角度尺

图7-16　角尺

图7-16（a）：为全金属制成，用来划90°角，用法与直尺一样。

图7-16（b）：为全金属制成，用来划90°角，能调节直角在直尺上的位置，用法与直角尺一样。

图7-16（c）：为全金属制成，用来划90°或45°角，用法与直角尺一样。

图7-16（d）：角度尺具有可滑动的刀片，可检查部件内外的各种角度，适用于家具精细构造。

使用前都需要进行微调（图7-17）。

2. 测量与划线操作

不同品牌的卷尺质量参差不齐，尽量选购同一品牌产品，使用前要检查平直度（图7-18）。

3. 纵横衔接划线标记

板材纵横向衔接处划线精度要求很高，要根据板材的厚度来定位，划线后的钻孔可以为钻头提供准确的起始点，或使用电钻为铁钉或螺丝打孔（图7-19）。

7.1.6　敲击工具

锤主要有金属锤、木槌、橡胶弹力锤、无弹力锤四种。其中金属锤用于敲金属件，木槌用于敲击凿子，橡胶木槌用于安装榫接，且不会留下印记。无弹力锤是用硬质橡胶或塑料制成，主要特点是不会像普通橡胶锤那样有来回地弹跳，无弹力锤使用易于控制，更加稳定、安全（图7-20）。

7.1.7　夹具

夹子可以将板材挤合在一起，如果来自夹子的压力方向存在偏差，接合件的组装可能会出现滑移。将尺寸大小合适的垫块垫在木料与夹具之间，既能分散来自夹具的压力，又能保护木料，避免夹具在木料上留下压痕（图7-21）。

如果没有足够的夹子或使用的木料很薄，夹具施加的压力不能均匀地分布给木料，可能导致木料的边缘起翘和变形。夹具与木料表面平行夹紧，这样压力才能垂直于受力面，不会使组件出现变形或滑动，偏离正确位置（图7-22）。

7.1.8　刮刀

刮刀采用高碳钢材料制作，主要用途是在磨光和上漆之前修整木材的表面轮廓。

1. 刮刀的种类

刮刀刀片太薄，在使用过程中它的温度就会迅速上升，并烫伤手指。刮刀刀片太厚，会缺少应有的弹性，不方便刮削（图7-23）。

2. 研磨刮刀片

刮刀片要保持锋利，多采用研磨棒来打磨刮刀片（图7-24）。

 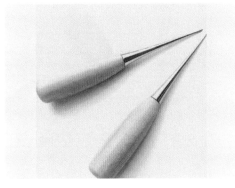 

（a）木工铅笔　　　　　　　　　（b）划线锥　　　　　　　　（c）墨线斗

图7-17　划线工具

图7-17（a）：木工铅笔为扁平状，强度高，不易折断，可以用于标记互相接合的板材、机器切割等。

图7-17（b）：金属尖端锐利，划线十分精细。适合在颜色较深的木材上划线，容易辨认，是细木工开槽的常用工具，顺纹理划线效果较好。

图7-17（c）：墨线斗用于长距离划线标记，将斗中的墨水通过弹性线绳转移到木料上，形成标记，供进一步加工参考。

（a）纵向测量划线　　　　　　（b）横向测量划线　　　　　　（c）复杂划线

图7-18　测量与划线操作

图7-18（a）：将卷尺的钩子钩在木料的一端，再将卷尺拉出测量并标记。

图7-18（b）：横向测量要保持平行，在纵向测量线上标记两处并连接为直线。

图7-18（c）：划复杂的曲线时，可用曲线尺预先折出造型，根据曲线尺的轮廓划线。

（a）标记　　　　　　　　　　（b）划线　　　　　　　　　（c）钻孔

图7-19　纵横衔接划线标记

图7-19（a）：目测木板厚度，在正中央处作记号，确定钻孔的深度。

图7-19（b）：划线要保持与板材长边垂直。

图7-19（c）：在线上钻孔，注意钻孔垂直，轴心不要偏离。

（a）金属锤　　　　　（b）木槌　　　　　（c）橡胶锤　　　　　（d）无弹力锤

图7-20　敲击工具

图7-20（a）：金属锤的破坏性太大，使用时需要垫一块废木板来避免锤子对木材表面造成伤害，羊角金属锤的一端用来拔钉子，另一端用来敲钉子。

图7-20（b）：木槌采用密度高、耐冲击的木材制作，如核桃木，能传递强大的冲击力，并给凿柄带来最小的损害。

图7-20（c）：橡胶锤敲击时弹力大，导致锤头反弹较高。

图7-20（d）：无弹力锤耐敲击、耐磨损，且防滑，敲击不反弹，使用握感更佳。

（a）A型夹　　　　（b）F型夹　　　　（c）C型夹　　　　（d）拼版夹　　　　（e）直角夹

图7-21　夹具

图7-21（a）：A型夹可单手操作，用于小接合面或做小件修补工作。

图7-21（b）：F型夹用来临时固定工件，夹紧弯曲的薄板，组装椅子或小的物件，上胶后的木材位置保持并施加压力以及其他工作。

图7-21（c）：C型夹使用时，将木料放在上下两根配有手柄的螺杆上，并旋松上面的螺杆，拧紧下面的螺杆，可以自由调节所要夹持的范围，夹持力量大，用于夹持各种形状的工件、模块等。

图7-21（d）：拼板夹主要用于拼版，能将多块板材横向拼接在一起，用白乳胶黏贴固定，保持形态固定。

图7-21（e）：直角夹能起简单的固定作用，用于固定直角材料、构造的边角小件。

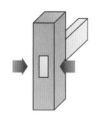 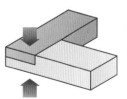 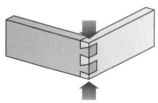

（a）夹紧榫头部位　　（b）夹紧搭接部位　　　（c）夹紧燕尾榫部位

图7-22　夹具夹紧方向示意图

图7-22（a）：夹紧榫头与榫眼接触部位左右两侧。

图7-22（b）：夹紧榫头搭接部位上下两侧。

图7-22（c）：夹紧榫头交叉部位上下两侧。

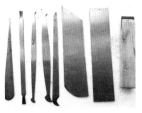
（a）中式刮刀

（b）欧式刮刀

图7-23 刮刀

图7-23（a）：中式刮刀是硬度适中、薄而平整的硬铁，边缘被打磨成钩状卷边，使用时双手握着，用大拇指抵住中间，与木面成一定斜度向前推。

图7-23（b）：欧式刮刀中有刮刀片，沿着底板进行刮削，刮刀刮削过的木材表面要更粗糙，其方便握持。

（a）砂纸打磨

（b）磨刀石水平打磨

（c）磨刀石垂直打磨

（d）检查刮刀片

（e）削切钩状卷边

（f）固定打磨

图7-24 研磨刮刀片

图7-24（a）：采用1000#砂纸打磨刮刀片，磨掉表面污垢与锈渍。

图7-24（b）：采用2000#磨刀石水平打磨刮刀片，打磨时要握住刮刀，打磨出锋利的刀口。

图7-24（c）：采用4000#磨刀石垂直打磨刮刀片，让刀口平直。

图7-24（d）：检查刮刀片是否锋利，用手指感受锋利状态，横向轻刮手指感受阻力，过程需注意安全，避免刮破手指。

图7-24（e）：用美工刀片刮除刮刀片表面的毛边或卷曲。

图7-24（f）：将刮刀片固定，用2000#砂纸来回打磨刮刀片的刀刃，修整凸凹不平的刀刃形态。

－ 补充要点 －

工件表面处理方法

1. 刨削。刨子锋利的刀片会将木材表面刨削得非常干净［图7-25（a）］。

2. 刮削。刮刀会刮出精细的刨花，其至逆着纹理刮也是如此［图7-25（b）］。

3. 打磨。采用砂纸进行打磨，砂纸根据颗粒度分成不同的"#"数，120#以下属于粗磨，150#~180#属于中号，240#~320#属于较细，360#以上就属于极细了［图7-25（c）］。

（a）刨削

（b）刮削

（c）打磨

图7-25 工件表面处理方法

图7-25（a）：使用刮刀片刨削时，握住刮刀片两端，将拇指抵在刮刀片中间使其自然弯曲。

图7-25（b）：垂直推动刮刀片，刮刀的钩边应能刮到木材。

图7-25（c）：采用砂纸打磨要由粗到细逐层打磨，先用120#，再用360#，形成细腻的表面质感。

7.1.9 钉枪

正确选用钉枪型号和枪钉规格，以免发生卡钉，造成工具损坏（图7-26）。

（a）射钉枪　　　　　（b）码钉枪　　　　　（c）气动钉枪

图7-26　钉枪

图7-26（a）：射钉枪是家具施工等必备的手动工具。它利用空包弹、燃气或压缩空气作为动力，将射钉打入建筑体。

图7-26（b）：码钉枪形状与订书机类似，用来做平面连接，如沙发椅布料与皮革装嵌等。

图7-26（c）：气动钉枪和空压机相连，利用压缩空气将固定弹夹或钉槽内的钉子从枪口喷射出，射入需连接的物体中起到固定的作用，主要用于木材与木材、木材与墙壁的连接构造中。

7.2　手持电动工具

手持电动工具种类很多，如电锤、电钻、电锯、电木铣、电动螺丝刀、电动打钉枪、角磨机、修边机等。

7.2.1　电锤与电钻

电锤既有钻的旋转力，又有锤的冲击力，一般用于在坚固的墙上钻洞，作业效率高，孔径大，钻进深度长（图7-27）。通常多功能电锤，调节到适当档位并配上合适的钻头，可以替代普通电钻或电镐使用（图7-28、表7-1）。

表7-1　　　　　　　　　　　　　　　常见旋具

类别	手动螺丝刀	电动螺丝刀	手电钻	冲击电钻	电锤
图示					
工作原理	手动旋转	电动旋转	电动旋转	电动旋转和冲击	活塞压缩气体冲击钻头
特点	拧螺丝	拧螺丝	钻孔	冲击	冲击、砸墙
精密件	○	○	—	—	—

续表

类别	手动螺丝刀	电动螺丝刀	手电钻	冲击电钻	电锤
拧螺丝	○	○	○	—	—
木材	○	○	○	—	—
金属	○	○	○	○	—
瓷砖	—	—	○	○	○
砖墙	—	—	○	○	○
石材	—	—	○	○	○
轻质混凝土	—	—	—	○	○
标准混凝土	—	—	—	—	○

注：○可用，—不可用。

图7-27 电锤

图7-27：电锤最大钻孔能力在 φ 28mm以下，主要用于装修、木工等工作量不大的场合。电锤冲击效率很高，多用于凿地面、凿坑等基础施工。外形较大，不能最大限度贴着墙壁钻孔。

图7-28 电钻

图7-28：电钻采用电作为动力，使钻头在金属、木材等材料上刮削成孔洞。电钻能让木工工作变得更加方便、省力。

1. 电钻钻头

电钻钻头形态多样，具有多种使用功能。在木材上钻孔，应当选用合适的钻头，钻头切削量大，对钻头硬度要求不高，材料为高速钢（图7-29）。

2. 钻拉手安装孔

使用电动钻头进行钻孔作业是很容易的，要配合使用木质材料专用钻头，对钻头硬度要求也不高，如钻圆孔（图7-30）、钻方孔（图7-31）、钻长孔（图7-32）。

7.2.2 电锯

使用手持电锯前应根据加工要求，选取大小、宽窄不同的锯片。如果在锯割薄板过程中，工件出现较大振动或反跳现象，则表明所选用锯片的齿距太大，应更换为齿较细的锯片（图7-33）。

7.2.3 电木铣

电木铣通过电机高速运转来带动铣刀，可以加

（a）三尖钻　　　（b）麻花钻　　　（c）开孔器

（a）垫板　　　（b）定位　　　（c）钻孔

图7-29　电钻钻头

图7-30　电钻钻圆孔

图7-29（a）：三尖钻用于木料钻孔，包括螺丝孔、榫头孔等。全套三尖钻的规格为φ3～φ10mm，价格便宜，定位精准。

图7-29（b）：麻花钻能在木头、金属、塑料等材质上钻孔，适用面广、规格丰富，但是很难准确定位，且容易跑偏。

图7-29（c）：开孔器能钻出十分干净且底部平整的大孔。

图7-30（a）：利用废弃木板，将其垫在需要钻孔的木材下方，固定牢固。

图7-30（b）：将电钻刀刃前端对准打孔处，再由上向下慢慢钻，保持切口平整。

图7-30（c）：将留在刀刃出口处的碎片清理干净完成。

（a）划线　　　　（b）钻孔　　　　（c）修凿　　　　（d）成型

图7-31　电钻＋凿子钻方孔

图7-31（a）：划出孔的面积，并勾划出符合钻头规格的轮廓。

图7-31（b）：沿划线轮廓依次钻出洞孔。

图7-31（c）：沿划线轮廓线框，用凿子凿出边缘轮廓，并修整好洞孔。

图7-31（d）：用砂纸将洞孔内侧打磨完成。

（a）定位　　　　（b）钻孔　　　　（c）平直切割

图7-32　钻长孔：电钻＋电动曲线机

图7-32（a）：划线定位，确定钻孔轮廓。

图7-32（b）：使用对应规格的钻头钻孔。

图7-32（c）：连接两个洞孔的上下端点，用曲线锯切割两个孔洞之间的切线。

图7-32（d）：使用曲锯机沿轮廓线环绕切割，切掉中间多余的木料。

图7-32（e）：再采用120#砂纸将切口处打磨平滑。

图7-32（f）：完成后注意检查，根据情况继续采用300#砂纸打磨修整。

（d）旋转切割　　　（e）打磨　　　　（f）完成

（a）电圆锯

（b）马刀锯

（c）曲线锯

图7-33　电锯

图7-33（a）：电圆锯用于各种木板材料快速且精确的锯切，能进行垂直和多角度切割。切割精度高、速度快、功率大，但噪声大、木屑较多，使用比较危险，用于木料初步裁切等。

图7-33（b）：马刀锯重量轻，可以锯割木材、塑料、金属、一般建材，能锯割出极平整的锯口，且不会有残片凸出在工作表面。

图7-33（c）：曲线锯在金属、木材、塑料、皮革、纸板等材质上能切割直线或复杂形状，切割速度快。

工出深浅不一和不同形状的图案。电木铣在手持电动工具里面使用难度较大，具有仿形、切割、开槽、修边、修平、挖榫卯等诸多功能。在普通家具制作工艺中，多采用小功率电木铣，操作噪声小，使用方便安全（图7-34～图7-36）。

7.2.4　电动螺丝刀

电动螺丝刀又称为电动起子（图7-37），是用于拧紧或旋松螺钉的主要电动工具，采用低压直流供电，带有调节扭矩和正反转向等功能，操作方便且安全，能极大提高工作效率。电动螺丝刀可替代手动螺丝刀，使用时，螺丝旋转到位后需立即停止转动，防止损坏螺丝或周边部件。

小扭力螺丝刀用于精密元件组装，中扭力螺丝刀用于拆装中等螺丝，而大扭力螺丝刀则主要用于安装、拆卸大型螺丝。具体根据实际使用需求来选择（图7-38）。

7.2.5　电动打钉枪

气动钉枪的气泵携带不方便，电动打钉枪携带方便、噪声小，但效率较低、力量不足，且连发受一定限制，不能长时间连续使用（图7-39）。

7.2.6　角磨机

角磨机又称为研磨机或盘磨机，主要用于切割、研磨金属、石材、木材等，它可以使板材的曲线更平滑，打造多种形状如圆角等。

角磨机操作时，应避免磨片撞击启动后，若出现明显颤动或异常，必须立刻停机检查，排除故障后方能继续操作（图7-40）。

磨片是角磨机的配套耗材，品种繁多。切割片不可用来打磨，打磨片也不可用于切割（图7-41）。启用新砂轮片时，必须空转1min进行测试，如运行良好再进行实际操作（图7-42）。

图7-34 电木铣

图7-34：电木铣外形体积小，能在狭小空间内代替一体式电木铣。主要由底座总成和电机总成组成，电机可以在底座里上下滑动、旋转，实现不同的切高操作。

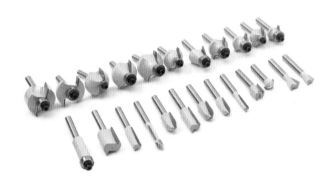

图7-35 木铣铣刀

图7-35：铣刀是电木铣的核心，铣刀的柄越粗，就越不易在使用中晃动。铣刀刀头由高速钢或硬质合金制作而成。硬质合金材质较贵，耐久性更好，性价比更高。铣刀的刀头品种多样，用于修边、修平和制作凹槽。

（a）侧槽刀　　（b）T型刀　　（c）直刀　　（d）圆底刀与尖底刀　　（e）方齿榫刀

图7-36 常用刀头与切割结构

图7-36：铣刀刀头形式多样，可以根据需要来选购，每种造型规格多样，适用于不同加工需求。

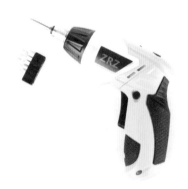

图7-37 电动螺丝刀

图7-37：电动螺丝刀轻巧方便，起动快，扭力强劲且可调节，确保连续作业效率高，内置充电电池，充电后可直接在没有电源的情况下使用。

图7-38 批头

图7-38：批头按不同的头型可分为一字、十字、米字、六角、花型、方头、Y型头部等，其中十字最常用到。

图7-39 电动打钉枪

图7-39：使用电动打钉枪时，需要手用力地顶在木材上，否则钉子不能完全进入木材内。发射后，钉枪的反作用力到了手上，手的力量又会将钉枪推到木材方向，枪头容易砸在木材上形成坑。因此要注意控制好力度。

图7-40　角磨机

图7-40：小型角磨机质轻，操作方便，能够满足新手操作的各种要求。大型角磨功率强劲，适用于难度较大的打磨和切割操作。

（a）砂轮片　　　（b）切割片　　　（c）打磨片

图7-41　磨片

图7-41（a）：砂轮片可对金属或非金属工件进行切割或磨削，通常薄砂轮片以切割为主，厚砂轮片以磨削为主。

图7-41（b）：切割片只用于切割，并且大部分都是平行的，厚度相对较薄。

图7-41（c）：打磨片只用于单一的打磨，主要有千叶轮打磨片、角向打磨片等。

（a）勿让旁观者靠近　　　（b）严禁脚踩打磨　　　（c）严禁手持工件打磨

图7-42　角磨机作业中错误示范

图7-42（a）：打磨过程中，容易发生火花、磨屑飞溅，或砂轮片破碎现象，容易误伤他人。

图7-42（b）：砂轮片破碎、被磨工件飞出等，容易导致操作者本人受伤。

图7-42（c）：操作者单手持工件进行打磨作业，容易造成角磨机或材料、工件脱手，误伤他人或自己受伤。

7.2.7　电刨机

电刨机是由单相电动机经传动带驱动刨刀进行刨削的手持电动工具，具有生产效率高、刨削表面平整光滑等特点。电刨由电动机、刀腔结构、刨削深度调节结构、手柄、开关和防误插头等部分组成（图7-43）。

7.2.8　修边机

修边机可以根据铣刀刀头的形状对各种木质构件边棱或接口处进行整平、斜面加工或图形切割和开槽等，也可用于木材抛光。手持式修边机最常用，手持结构小巧灵活，且具有带滚珠轴承结构的刀具，可调节深度。

1. 配件组装

（1）铣刀安装。铣刀安装要保持中轴对齐，并紧固（图7-44）。

（2）导套安装。导套主要起固定及仿形的作用，在仿形、修边、使用模板等场景使用。导套安装高度要与被加工界面保持一致，预先要计算好安装高度与材料厚度（图7-45）。

（3）靠山架安装。靠山架可以更加有效地辅助切削直线、导角或开槽，而靠山架上的圆心定孔则可以较方便地进行铣圆操作（图7-46）。

2. 铣削、修边操作

在操作前，根据木板的加工深度来调节透明底座的高低，根据加工尺寸来确定木板与靠山的距离（图7-47）。

（a）电刨机　　　　（b）刨片

图7-43　电刨机

图7-43（a）：电刨机使用方便，刨削深度调节结构由调节手柄、防松弹簧、前底板等组成，拧动调节手柄，使前底板上下移动从而调节刨削深度。

图7-43（b）：刨片的规格根据电刨机来选购，多采用高速钢，属于耗材，经过80小时的使用后需要更换。

（a）打开底座　　　（b）打开夹头螺母　　　（c）安装铣刀　　　（d）旋紧紧固旋钮

图7-44　铣刀安装

图7-44（a）：旋松导套旋钮，取出整体透明底座。

图7-44（b）：利用套筒、钳子或扳手旋松夹头和螺母。

图7-44（c）：将铣刀穿过螺帽，用手旋紧螺帽，确保铣刀固定不松动后再用工具紧固。

图7-44（d）：套上透明底座，旋紧紧固旋钮。

 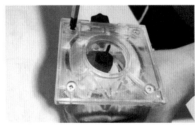 

（a）备好螺丝与导套　　　（b）安装导套　　　（c）检查完成

图7-45　导套安装

图7-45（a）：备好透明底座四个角上的螺丝与导套，取下透明罩。

图7-45（b）：将导套放入中间区域，装上透明罩，拧紧螺丝。

图7-45（c）：调整平整度完成。

（a）准备支架　　　　　（b）安装支架　　　　　（c）安装靠山　　　　　（d）贴齐测试

图7-46　靠山架安装

图7-46（a）：旋松透明底座上的紧固旋钮，准备好支架。

图7-46（b）：将支架固定安装到导套上，并固定螺丝。

图7-46（c）：将靠山固定安装到支架上，并固定螺丝。

图7-46（d）：贴齐桌面或板材边缘测试平直度。

（a）握紧贴齐　　　　　（b）压入铣刀

图7-47　铣削、修边操作

图7-47（a）：手握稳修边机，以维持机器的稳定与平衡。

图7-47（b）：打开修边机开关，当达到正常转速后，将铣刀垂直压入材料中或边缘，握稳防止回弹，完成铣削后，垂直提起修边机，使铣刀快速离开。

7.3　台式电动工具

制作家具最基本的台式电动工具主要有木工桌与支撑件、台锯、带锯、平刨、压刨等。

7.3.1　木工桌与支撑件

木工桌的桌面应平整、坚固且经得起敲击，整体足够稳固，保证不会摇晃。一般配有正面台钳、侧面台钳、放工具的抽屉等。如果要在木工桌上钻孔或凿一块板材，应在下面放上一块废弃木板以保护桌面。如果要在木工桌上施胶或上漆作业，应在桌面上铺一层纸、塑料或纤维板等保护物，以防胶水或油漆弄脏桌面（图7-48）。

7.3.2　台锯

台锯是一种多功能工具，可以用来对木材进行各方向的直切、横切或斜切，也能用来切割槽和多种不同类型的接合部件，如等缺榫、榫头、开口贯通榫、榫舌或榫槽等。

台锯配上辅助台面和直切靠山，机器性能可以得到较大提升。选购台锯应考虑多方面因素，包括机器的电压、功率、台面大小、锯片直径等（图7-49、图7-50）。

7.3.3 带锯

带锯比台锯更安全，但是在家具制作后期，要做直的、方正的切割时，选台锯更合适。带锯能将硬木桩锯割成厚板，带锯台面还可以倾斜，倾斜角度达到甚至超过45°，因此它也可以做角度切割。

带锯条是带锯的主要配件。带锯条越窄，越适合切割曲线；带锯条越宽，越适合切割直线或解锯大块的木板。齿数越少，越强劲，适合切割厚板材；齿数越多，切割速度越慢，切出的表面也越光滑。同时，锯齿过密易造成带锯条断裂、锯齿弯曲或磨损过快（图7-51）。

7.3.4 压刨机

压刨能对木材表面进行一次或多次刨切，使木材表面具有光洁的平面和厚度（图7-52）。

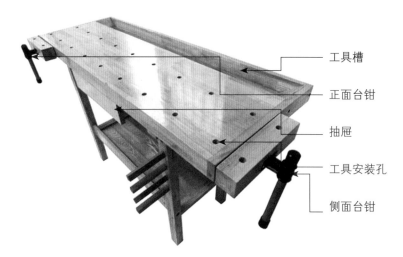

工具槽
正面台钳
抽屉
工具安装孔
侧面台钳

图7-48 木工桌构造示意图

图7-48：工具槽用于放置常用工具，正面台钳安装在木工桌正面，可将木板夹住，使其牢牢抵在木工桌的边缘。侧面台钳安装在木工桌侧面，可将木板平整地固定在侧面台钳上的限位木块和桌面上的限位木块之间。抽屉用于放置小件工具。工具安装孔可以配合夹具固定木工材料构件。

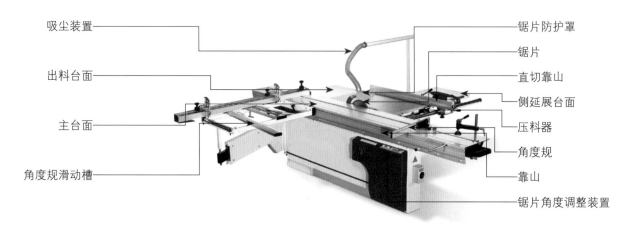

吸尘装置
出料台面
主台面
角度规滑动槽

锯片防护罩
锯片
直切靠山
侧延展台面
压料器
角度规
靠山
锯片角度调整装置

图7-49 台锯构造示意图

 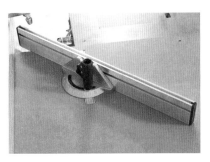 

（a）直切靠山　　　　　　　（b）角度规　　　　　　　（c）锯片

图7-50　台锯局部构造

图7-50（a）：当沿着木板的长度方向切割时，会用到直切靠山，直切靠山应坚固，且易于调节和移动，靠山的两个面应与台面完全垂直，与锯片保持平行。

图7-50（b）：角度规在滑动槽内前后滑动，能设置任意角度（0°～45°）进行切割，能增加精确度，便于操控，角度规只能在滑动槽内滑动，而滑动台板却能骑跨在两个滑动槽内。

图7-50（c）：台锯的主要切割配件为锯片，锯片中心的孔用于固定螺栓，不能拧得过紧，硬质合金锯片要比钢质锯片好。

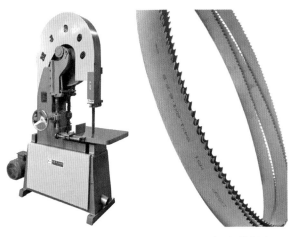 

（a）带锯机　　　　　　（b）带锯条

图7-51　带锯　　　　　　　　　　　　图7-52　压刨机

图7-51（a）：带锯使用无需用靠山或角度规，只需徒手操作即可。但是在切割过程中，锯片容易偏移，从而导致锯出的木板太薄或太厚，可以设置靠山来规范偏移角度。

图7-51（b）：带锯条的齿距一致，切削处理能力非常强，前角带有3°～10°的角度，比较强劲，切口相对较宽，更适合切割硬木。

图7-52：压刨的厚度设置是通过抬升或降低台面来实现，切割头能整体向上或向下移动，可以调整进料速度，慢速适用于可能开裂的木材。加工一块节疤较多的木材，无需注意纹理的方向，在进行刨削时，双面轮流翻转，经过多次刨削后能将其刨平。当木材有反翘变形时，要将凸面朝上，凹面朝下进行刨削，用手压刨台面进料，最终就能刨直。如果必须选择凸面朝下刨削，应当先将凸面朝上，将中间刨削几次，让凸面中间凹陷后，再将凸面朝下刨削，就能刨直板材。

7.4　家具制作安全

家具制作需要注重安全，只要是从事家具制作，就需要避免意外事故的发生。锯、割、切片、刨削、打磨、钻等操作，都会对人体造成伤害。下面介绍一系列安全防范的方法。

7.4.1　安全着装

家具作业所必需的个人防护用品应购置齐备，

并时刻佩戴，不擅自盲目操作，防止手指被锯伤、被凿子刮伤，同时要防止木屑、刨花、噪声对身体造成损害（图7-53）。

7.4.2　急救箱

木工急救箱能保证急用物品供应，尽可能减少安全隐患和物品的浪费（表7-2）。

（a）护目镜

（b）面罩

（c）口罩

（d）手套

（e）耳罩与耳塞

图7-53　安全着装

图7-53（a）：使用电木铣、车床等机械设备操作不当时，可能会有木屑飞溅，应由始至终佩戴护目镜保护眼睛。

图7-53（b）：面罩可以取代护目镜，能减小飞出木料对人体头部造成的冲击。

图7-53（c）：在锯切、打磨、使用胶水或涂饰涂料时，会产生许多粉尘和有毒气体，活性炭口罩是最基本的防护装备。

图7-53（d）：更换或手持刀片、锯片，以及搬运木料时，手套能够保护手不被刀刃划伤或被木材上的木刺刺伤，同时也可增加搬运时的附着力，但是在使用机械设备，特别是钻孔操作时，切记禁止佩戴手套，避免手套被绞入机器造成伤害。

图7-53（e）：木工机械设备作业时会发出很大的噪声，长时间处于这种环境下会对人听力造成损伤，因此，应当佩戴耳罩或耳塞。

表7-2   木工用急救物品清单

序号	物品	图例	数量	用途	序号	物品	图例	数量	用途
1	医用碘伏（或碘伏棉棒）		1瓶	消毒伤口和黏膜	10	无纺布胶带		2卷	固定绷带用
2	酒精消毒片		1盒	消毒和清洁伤口	11	剪刀		1件	用于剪断绷带或者伤口周围衣物
3	生理盐水棉片		1盒	清洁伤口和手	12	安全别针		10只	固定绷带用
4	棉签棒		2盒	伤口消毒	13	一次性CPR呼吸面罩		1盒	用于人工呼吸，防止交叉感染
5	创可贴		2盒	包扎小伤口	14	一次性医用口罩		1盒	自我防护，防止呼吸道感染
6	伤口敷料（或大创可贴）		10片	包扎伤口	15	一次性医用手套		1盒	自我防护，防止交叉感染
7	纱布片		10片	伤口隔离及止血包扎	16	冷敷贴（或冰袋）		2盒	用于扭伤后的止痛和防止肿胀，或者灼伤
8	弹力绷带		2卷	包扎伤口和固定纱布	17	退热贴		2盒	冷敷，降低体温
9	卡扣止血带		1件	大动脉止血或毒伤控制	18	水银体温计		1只	测量体温

注：急救箱内放置一份物品配置清单，定期检查急救箱内物品的保质期，有效期短的物品优先使用，并及时停用、清理过期物品。

7.4.3 安全行为准则

家具制作应具备相关安全意识，做好一系列防护措施，严格遵守以下操作安全准则。

（1）扎起长发，不穿宽松衣服，不戴首饰，穿上工作服，扣紧扣子或拉链，且不能外露扣子，避免衣物被卷进机器内发生危险。保持加工环境干净、整洁，操作时不被废料或延长电源线绊倒，能方便地找到所需物品、工具。

（2）作业时注意力应保持高度集中，如果注意力不能集中或处于疲惫状态，应适当休息。心情不佳或饮酒后禁止操作电动工具。如果操作不舒适或不顺手，或不能确定操作是否安全，应重新思考操作流程和操作方法。

（3）电动工具使用前，必须先阅读说明书，预先进行机器和木材模拟测试。为工具更换铣刀头、锯片、刨刀、带锯等刃锯时，一定要彻底断开

电源。刃具要经常打磨。定期检查电动工具，如果感到异常应立即停止作业。

（4）在机械操作时，存在不安全因素，无关操作人员不得靠近或打扰。电动工具要完全运转起来后，再进行加工，当电动工具完全停止后，再取木料。双手不要放在刀具的运行轨迹上，如果需要辅助力量，应采用推板代替。

（5）掌握基本自救和止血方法，万一出现事故不要惊慌，要冷静地关掉机器后再进行处理。如果发生严重伤害，应立即拨打120。如果不幸切断手指，应立即对伤口进行止血处理，并将断指用布包起来装在盒子里，带到医院立即就医。家具制作场所内应有电话、急救箱等，明确去最近医院的线路。

（6）离开家具制作场所要切断电源。每天应清理工作现场，避免可燃物品随意堆积，室内禁止吸烟，准备好相应的消防器材。

7.5　家具设计制作案例

根据上述材料与工具的使用方法，下面列出杂物架、书架、床头柜、书桌这四种不同类型家具的详细设计制作方法，并通过常规材料与工具制作。

7.5.1　杂物架

操作难度：★☆☆☆☆
主要材料：15mm厚杉木板
辅助材料：M4×25螺钉、M4×35螺钉、水性木器漆、脚垫件
机械工具：台锯、修边机、手电钻
简要步骤：设计图纸→板材放样→裁切下料→钻孔→拼接→组装（图7-54～图7-57）

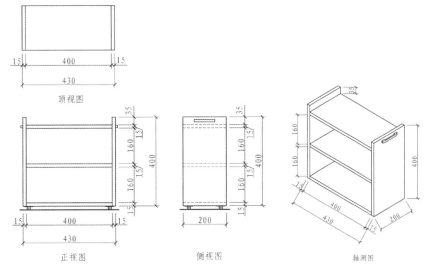

顶视图

正视图　　　　　　　侧视图　　　　　　　轴测图

图7-54　设计图

图7-54：在生活中，杂物架是必备的日常生活用品，用于放置一些零碎的物品，适合放到淋浴室、大客厅、厨房等区域。杂物架的高度不宜过高，整体靠墙摆放。

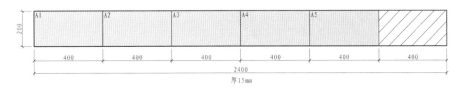

厚15mm

图7-55　下料图

图7-55：板材下料尽量贴一边，剩下的余料还能再次利用。

（a）外围板件组装　（b）固定上板　（c）固定中间隔板　（d）固定把手和脚垫

图7-56　组装步骤图

图7-56（a）：外围安装需要多人协作共同完成，需要注意螺钉的安装位置。

图7-56（b）：固定上板时要注意，柜体比较脆弱，要小心安装。

图7-56（c）：当所有外围板件都安装完毕后即可进行中间隔板安装。

图7-56（d）：安装把手和底部脚垫，脚垫具有耐磨损功能。

（a）正面图　　　　　（b）斜侧面图

图7-57　成品图

图7-57：造型简单的杂物架放置在室内任何角落都能起到储物的功能，还可以根据需要对尺寸进行调整，满足不同物品的收纳存放。但是要注意隔板悬挑的宽度不宜超过600mm，避免储物后造成弯曲。

7.5.2 多功能书架

操作难度：★★★☆☆

主要材料：15mm厚杉木板

辅助材料：M4×25螺钉、M4×35螺钉、白乳胶、水性木器漆、脚垫件、抽屉滑轨

机械工具：台锯、修边机、手电钻

简要步骤：设计图纸→板材放样→裁切下料→钻孔→拼接→组装（图7-58~图7-61）

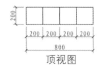

顶视图

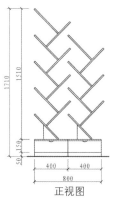

正视图　　　　侧视图

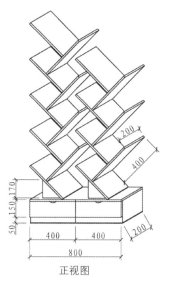

正视图

图7-58　设计图

图7-58：树形落地式书架风格简易，适用于各类室内装饰风格，此外，它还是一款多功能的书架，放置杂物也是不错的选择，具有一定的收纳功能。

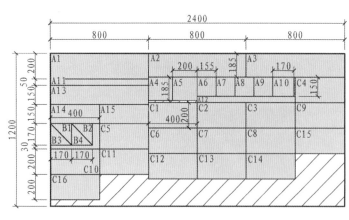

厚15mm

图7-59　下料图

图7-59：板材剩余部分可以拼接起来，制作踢脚线的基层，节约木材的同时，也做到了环保。

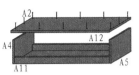 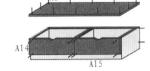 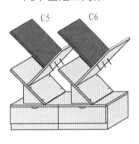 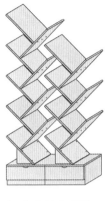

（a）外围板件组装　　（b）固定上板和抽屉　　（c）固定三角架

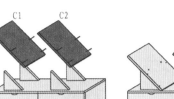 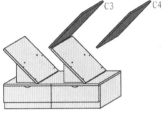

（d）三角架与板的固定　　（e）板架之间的安装　　（f）逐一向上固定　　（g）安装完成图

图7-60　组装步骤图

图7-60（a）：板材下料尽量贴着边缘布局裁切，如果板材边缘有破损，再考虑从中间布料。

图7-60（b）：当外围板件组装完毕之后，再组装上板，要控制好外围板的位置。安装抽屉时，抽屉表面侧板增加压条，采用白乳胶黏贴，具有防尘功能。

图7-60（c）：在落地书架的最下面安装四个三角形的固定架，不仅能稳固整体书架，还能让整个书架更加结实。

图7-60（d）：斜侧隔板固定至三角板上，形成柜体铺装面。

图7-60（e）：不断向上的过程要注意底部是否固定稳固。

图7-60（f）：上下板材之间应保持平行，形成有序延伸。

图7-60（g）：落地书架的好处在于有独特的装饰效果，让室内小角落充满生机和活力，让人有兴趣去读书。

（a）斜侧面图　　　　（b）局部细节图

图7-61　成品图

图7-61：多功能书架组装完成后宜多靠墙落地放置，形成较稳固的造型，通过书本自身重量来获取整体结构的平衡。

7.5.3　床头柜

操作难度：★☆☆☆☆

主要材料：15mm厚杉木板

辅助材料：M4×25螺钉、M4×35螺钉、白乳胶、水性木器漆、脚垫件、抽屉滑轨

机械工具：台锯、修边机、手电钻

简要步骤：设计图纸→板材放样→裁切下料→钻孔→拼接→组装（图7-62~图7-65）

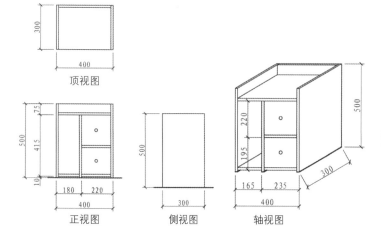

顶视图

正视图　　　　侧视图　　　　轴视图

图7-62　设计图

图7-62：这种板式拼接组合的床头柜结构简单，储物功能多样，用料节约，可以根据功能需要来设定尺寸，可大可小，也可根据床与墙之间的空间定制。

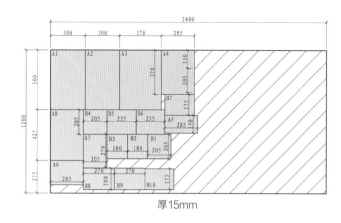

厚15mm

图7-63　下料图

图7-63：板材集中在整张板材一侧，最大化节省用料。

图7-64　组装步骤图

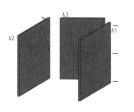

（a）外围板件组装

（b）固定隔板和上板

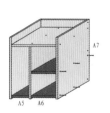

（c）固定底板

图7-64（a）：外围板件组装要保持平行，避免在没有支撑的情况下发生变形。

图7-64（b）：内部支撑隔板保持垂直，中央竖向隔板要落地形成支撑结构。

图7-64（c）：较窄的底板固定时要保持平行，最终形成稳定的支撑。

图7-64（d）：抽屉组合尺寸要精准，完成后的抽屉各边尺寸应当小于柜体内部空间尺寸约3mm。

图7-64（e）：将抽屉置至柜体中，轻质家具内的抽屉可不安装金属滑轨，将抽屉底部板材与边角构造打磨平整、光洁即可。

图7-64（f）：床头柜高度略高于床为佳，床头柜是为了便利生活，如此摆放有助于提高睡眠质量。

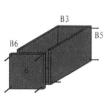

（d）组装抽屉

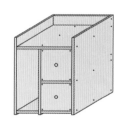

（e）安装抽屉　　　　（f）检查固定

（a）正面图

（b）斜侧面图

图7-65 成品图

图7-65：床头柜能收纳一些日常用品，放置床头灯。贮藏于床头柜中的物品，大多是使用频率高的物品，如药品等，摆放在床头柜上的物品能为卧室增添温馨气息，如照片、小幅画等。

7.5.4 学习书桌

操作难度：★★★☆☆

主要材料：15mm厚杉木板、50mm×40mm杉木龙骨

辅助材料：M4×25螺钉、M4×35螺钉、白乳胶、水性木器漆、抽屉滑轨

机械工具：台锯、修边机、手电钻、角磨机

简要步骤：设计图纸→板材放样→裁切下料→钻孔→修边→拼接→组装（图7-66～图7-69）

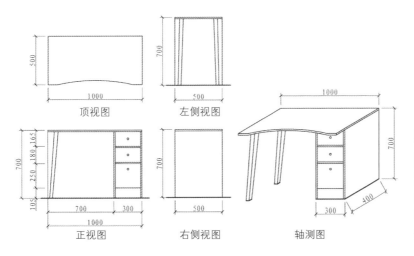

图7-66 设计图

图7-66：学习书桌主要功能是放置计算机和办公用品，是很重要的办公及生活用品。随着社会和科技的进步，学习书桌的款式设计也逐渐日新月异。

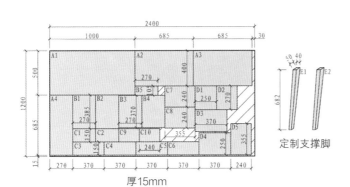

厚15mm

图7-67 下料图

图7-67：板材下料尽量贴着边缘布局裁切，如果板材边缘有破损，再考虑从中间布料。这样是为了木材的节约和充分利用，降低成本。学习书桌的支撑脚可采用50mm×40mm杉木龙骨加工，或购置定制成品件。

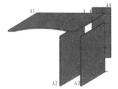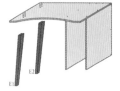

（a）外围板件组装　　（b）固定桌腿

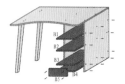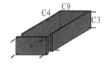

（c）安装抽屉底部　　（d）组装抽屉

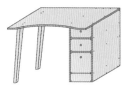

（e）安装抽屉　　（f）检查固定

图7-68　组装步骤图

图7-68（a）：外围板件组装需要多人协作，共同完成主体的安装，桌腿在固定时要注意与主体的高度一致。

图7-68（b）：采用双螺钉在桌面上固定支撑脚，并在接触面添加白乳胶强化固定。

图7-68（c）：在抽屉柜中安装横向隔板，强化支撑右侧柜体结构。

图7-68（d）：将规格较小的板材围合成抽屉，注意抽屉最终尺寸应当精准，与设计尺寸保持一致。

图7-68（e）：将制作完成的抽屉底部打磨平整光洁，置入学习书桌右侧柜体中，用于放置轻质物品的抽屉无需安装金属滑轨。

图7-68（f）：由于学习书桌构造较复杂，安装完毕后要注意检查，强化关键支撑部位。

（a）斜侧面图　　（b）局部图

图7-69　成品图

图7-69：计算机是一种特殊电器设备，它不同于电视、音响，需要使用者始终近距离操作，现代计算机多为一体机或袖珍主机，一般不考虑放置机箱的空间，因此，学习书桌最终造型更简洁。

本章小结

　　本章介绍了家具制作工具与使用方法，列出常见的家具加工、制作工具，描述工具的功能，介绍各种工具的使用细节，通过组图分解使用过程，指出对家具材料进行加工过程中操作的规范性与安全性。最后列出4种简单家具的设计、制作方法，重点指出板材的裁切方案，搭配五金件完成家具组装成型。作为全书总结，本章提出家具设计的创意思维与加工技巧，引导读者顺利从事家具设计工作。

课后练习

1. 常用的锯子有哪几种？怎样正确使用锯子？

2. 常用的凿子有哪几种？怎样正确使用凿子？

3. 刮刀的主要功能是什么？

4. 电锤与电钻有什么区别？

5. 角磨机安装切割片后能取代手电锯吗？常用的角磨机片有哪些品种？

6. 线上考察3款台锯，下载或收集台锯的技术参数并制成表格比对。

7. 熟记家具制作加工的安全行为准则。

8. 参考本章7.5节学习书桌的内容，重新设计一款书桌，绘制出三视图、轴测图、下料图和效果图（要求材料为硬木）。

参考文献
REFERENCES

［1］ 杨耀. 明式家具研究［M］. 北京：中国建筑工业出版社，2002.

［2］ 王世襄. 明式家具珍赏［M］. 北京：文物出版社，2003.

［3］ 陈增弼. 传薪：中国古代家具研究［M］. 北京：故宫出版社，2018.

［4］ 钱芳兵，刘媛. 家具设计［M］. 北京：中国水利水电出版社，2012.

［5］ 李军，熊先青. 木制家具制造学［M］. 北京：中国轻工业出版社，2011.

［6］ 尹定邦. 设计学概论［M］. 长沙：湖南科学技术出版社，2009.

［7］ 梁启凡. 家具设计学［M］. 北京：中国轻工业出版社，2000.

［8］ 徐望霓. 家具设计基础［M］. 上海：上海人民美术出版社，2008.

［9］ 江湘芸，刘建华，马良君，等. 产品模型制作［M］. 北京：北京理工大学出版社，2011.

［10］张力. 室内家具设计［M］. 北京：中国传媒大学出版社，2010.

［11］孙详明，史意勤. 家具创意设计［M］. 北京：化学工业出版社，2010.

［12］阿瑟·鲁格. 瑞士室内与家具设计百年［M］. 北京：中国建筑工业出版社，2010.

［13］斯图尔特·劳森. 家具设计：世界顶尖设计师的家私设计秘密［M］. 李强，译. 北京：电子工业出版社，2015.

［14］克里斯托弗·纳塔莱. 家具设计与构造图解［M］. 北京：中国青年出版社，2017.